危险化学品重大危险源包保责任人工伤预防能力提升培训系列教材

# 危险化学品
# 重大危险源包保责任人
## 工伤预防能力提升培训习题集

中国化学品安全协会 ◎ 组织编写

中国劳动社会保障出版社

图书在版编目(CIP)数据

危险化学品重大危险源包保责任人工伤预防能力提升培训习题集/中国化学品安全协会组织编写. -- 北京：中国劳动社会保障出版社，2022

危险化学品重大危险源包保责任人工伤预防能力提升培训系列教材

ISBN 978-7-5167-5492-4

Ⅰ.①危… Ⅱ.①中… Ⅲ.①化工产品-危险品-工伤事故-事故预防-技术培训-习题集 Ⅳ.①X928.503-44

中国版本图书馆 CIP 数据核字(2022)第 114852 号

## 中国劳动社会保障出版社出版发行

(北京市惠新东街1号　邮政编码：100029)

\*

三河市华骏印务包装有限公司印刷装订　新华书店经销

787 毫米×1092 毫米　16 开本　17.5 印张　258 千字
2022 年 7 月第 1 版　2022 年 7 月第 1 次印刷
定价：52.00 元

读者服务部电话：(010) 64929211/84209101/64921644
营销中心电话：(010) 64962347
出版社网址：http://www.class.com.cn

版权专有　侵权必究

如有印装差错，请与本社联系调换：(010) 81211666
我社将与版权执法机关配合，大力打击盗印、销售和使用盗版图书活动，敬请广大读者协助举报，经查实将给予举报者奖励。
举报电话：(010) 64954652

# 编委会

主　　任：郝　军
副 主 任：张玉平
委　　员：(按姓氏笔画排序)
　　　　　王　震　冯建柱　孙志岩　张　博
　　　　　林京耀　周　欢　侯红霞　嵇　超
　　　　　魏　东　魏东来

本书主编：周　欢　冯建柱
编写人员：嵇　超　魏东来　张玉平　王　震
　　　　　孙志岩　魏　东　侯红霞

# 前言

我国历来高度重视工伤预防工作。2020年12月,人力资源社会保障部、工业和信息化部、财政部、住房城乡建设部、交通运输部、国家卫生健康委员会、应急管理部、中华全国总工会联合印发《工伤预防五年行动计划（2021—2025年）》,提出瞄住盯紧工伤事故和职业病高发的危险化学品等重点行业企业、深入推进工伤预防培训等任务。

为了落实《工伤预防五年行动计划（2021—2025年）》,提升危险化学品领域从业人员工伤预防意识和能力,2021年12月,人力资源社会保障部、应急管理部联合印发《关于实施危险化学品企业工伤预防能力提升培训工程的通知》（人社部函〔2021〕168号）（以下简称"通知"）。通知要求,深入学习贯彻习近平总书记关于安全生产重要论述,紧紧围绕从源头上消除事故隐患,实施危险化学品企业工伤预防能力提升培训工程。2022年,将重点轮训重大危险源主要负责人、技术负责人和操作负责人。

重大危险源能量集中,一旦发生事故破坏力强,伤亡大、损失大、影响大。为有效遏制重特大事故发生,通知提出"重点保障重大危险源企业相关人员培训""2022年重点轮训重大危险源包保责任人"的要求,更加凸显出管控好重大危险源对于防范化解危险化学品重大安全风险的重要性,表明了加强重大危险源包保责任人培训对于提升重大危险源安全生产基础保障水平的必要性和紧迫性。自《危险化学品企业重大危险源安全包保责任制办法（试行）》施行以来,重大危险源主要负责人、技术负责人、操作负责人成为企业重大危险源安全管控的关键人群,各负其责,在保障重大危险源安全平稳运行方面发挥着重要作用。按照通知要求,对重大危险源包保责任人开展针对性安全培训,有利于进一步压实包保责任,提升履责能力,确保重大危险源风险受控、安全运行,遏制重特大事故发生。

　　为了提升重大危险源包保责任人工伤预防能力提升培训质量，帮助重大危险源包保责任人学习和掌握落实重大危险源包保责任必需的安全生产知识，中国化学品安全协会组织专家，按照应急管理部下发的《重大危险源包保责任人培训要点》，结合我国重大危险源安全管理现状，梳理重大危险源安全生产应知应会知识，编写了"危险化学品重大危险源包保责任人工伤预防能力提升培训系列教材"。本套教材包括以下四个分册：《危险化学品重大危险源主要负责人工伤预防知识》《危险化学品重大危险源技术负责人工伤预防知识》《危险化学品重大危险源操作负责人工伤预防知识》和《危险化学品重大危险源包保责任人工伤预防能力提升培训习题集》。

　　本套丛书在编写过程中，参阅了相关资料与著作。在此对有关著作者和专家表示感谢。本套丛书力求内容全面、知识实用，但由于编者水平所限，书中恐有疏漏，敬请广大读者批评指正并提出宝贵意见。

编委会

2022 年 7 月

# 内容简介

本书围绕有关法律、法规、规章、标准及文件对危险化学品重大危险源包保责任人安全管理的要求编制，是《危险化学品重大危险源主要负责人工伤预防知识》《危险化学品重大危险源技术负责人工伤预防知识》《危险化学品重大危险源操作负责人工伤预防知识》的配套习题集，目的是考核评估包保责任人对重大危险源安全生产相关知识的掌握情况，强化重要知识的学习和巩固。

本书围绕重大危险源基础知识、重大危险源安全生产管理、重大危险源事故应急管理等内容进行习题设计，题型包括单项选择题、多项选择题和判断题。所选题目针对性、实用性强，答案解析专业翔实，文字语言简明扼要，可作为政府、企业开展重大危险源包保责任人工伤预防培训及考核评估的参考书籍。

# 目录

**第一章　重大危险源基础知识** 1
第一节　重大危险源的辨识与分级 1
　　习题 1
　　参考答案及解析 5
第二节　典型危险化学品的危险特性 10
　　习题 10
　　参考答案及解析 15
第三节　重大危险源风险知识 19
　　习题 19
　　参考答案及解析 26

**第二章　重大危险源安全生产管理** 34
第一节　法律法规管理要求 34
　　习题 34
　　参考答案及解析 45
第二节　重大危险源包保责任人履责要求 57
　　习题 57
　　参考答案及解析 80
第三节　人员配备与培训管理 105
　　习题 105
　　参考答案及解析 113
第四节　风险分级管控与隐患排查治理 121
　　习题 121
　　参考答案及解析 125

## 第五节 重大危险源设备设施及监测预警管理 …… 129
习题 …… 129
参考答案及解析 …… 149

## 第六节 外部安全防护距离管理 …… 169
习题 …… 169
参考答案及解析 …… 171

## 第七节 特殊作业安全管理 …… 174
习题 …… 174
参考答案及解析 …… 185

## 第八节 储运安全管理 …… 196
习题 …… 196
参考答案及解析 …… 201

## 第九节 消防安全管理 …… 207
习题 …… 207
参考答案及解析 …… 216

## 第十节 安全标志管理 …… 227
习题 …… 227
参考答案及解析 …… 231

# 第三章 重大危险源事故应急管理 …… 235
## 第一节 应急预案管理 …… 235
习题 …… 235
参考答案及解析 …… 240

## 第二节 事故应急处置 …… 246
习题 …… 246
参考答案及解析 …… 250

## 第三节 事故事件管理 …… 254
习题 …… 254
参考答案及解析 …… 261

# 第一章 重大危险源基础知识

## 第一节 重大危险源的辨识与分级

### 习 题

一、单项选择题

1. 下列情形不适用于《危险化学品重大危险源辨识》（GB 18218—2018）标准规定的是（  ）。

   A. 某公司从事甲醇生产活动

   B. 某公司通过长输管道进行汽油厂外运输活动

   C. 某公司从事液氧储存活动

   D. 某公司进行场内液化石油气装卸活动

2. 根据《危险化学品重大危险源辨识》（GB 18218—2018），重大危险源是指长期地或临时地生产、储存、使用和经营危险化学品，且（  ）等于或超过临界量的单元。

   A. 危险化学品的体积　　　　B. 危险化学品的危害特性

   C. 危险化学品的数量　　　　D. 危险化学品的实际存在量

3. 根据《危险化学品重大危险源辨识》（GB 18218—2018），对于生产装置，首先应根据具有明显防火间距和相对独立的功能的原则划分单元，当装置与设施之间有（  ）的，应以（  ）作为分隔界限划分为独立的单元。

A. 止回阀，止回阀 B. 盲板，盲板

C. 紧急切断阀，紧急切断阀 D. 切断阀，切断阀

4. 根据《危险化学品重大危险源辨识》（GB 18218—2018）关于储存单元的划分原则，独立设置的仓库内有多层库房或多个防火分区的，应（　　）进行辨识。

A. 按照一个单元 B. 按照不同单元

C. 每层库房作为一个单元 D. 每个防火分区作为一个单元

5. 危险化学品重大危险源根据其危险程度，共分为（　　）级，其中（　　）级重大危险源的危险程度最高。

A. 五，一 B. 四，一 C. 四，四 D. 五，五

6. 根据《危险化学品重大危险源辨识》（GB 18218—2018）进行重大危险源辨识时，若一种危险化学品具有多种危险性，应将多种危险性对应的（　　）作为该危险化学品的临界量。

A. 最高的临界量 B. 平均的临界量

C. 最低的临界量 D. 视具体情况

7. 根据《危险化学品重大危险源辨识》（GB 18218—2018），在对危险化学品混合物进行重大危险源辨识时，如果混合物与其纯物质（　　），则视为纯物质，按混合物整体进行计算。

A. 不属于相同危险类别

B. 属于相同危险类别

C. 无法判定是否属于相同危险类别

D. 混合比例不同，危险类别也不同

8. 根据《危险化学品重大危险源辨识》（GB 18218—2018），汽油的临界量是 200 t，甲醇的临界量是 500 t。某化工企业储罐区汽油设计储存量是 100 t，甲醇设计储存量是 300 t，当该储罐区作为一个辨识单元时，请问该储罐区是否构成重大危险源。（　　）

A. 不构成 B. 构成

C. 根据实际储存量计算 D. 无法判断

9. 根据《危险化学品重大危险源辨识》（GB 18218—2018），下列不可以划

分为两个独立评价单元的是（　　）。

　　A. 两个用切断阀隔断的危险化学品生产装置

　　B. 两个被防火堤分隔的储罐区

　　C. 一个储存了两种不同危险化学品且不同危险化学品之间用隔板隔断的库房

　　D. 两个储存了不同危险化学品的独立库房

10. 某化工企业氯乙烯储罐区设计最大储存量是 500 t，但常年实际储存量只有设计最大储存量的 60% 左右。根据《危险化学品重大危险源辨识》（GB 18218—2018），氯乙烯的临界量是 50 t，那么，该企业对氯乙烯储罐区进行重大危险源辨识和分级时，氯乙烯的实际存在量应取（　　）。

　　A. 50 t　　　B. 300 t　　　C. 500 t　　　D. 按照实时储存量

11. 根据《危险化学品重大危险源辨识》（GB 18218—2018），一级、二级、三级、四级重大危险源对应的分级指标 $R$ 值分别是 $R \geqslant 100$、$100 > R \geqslant 50$、$50 > R \geqslant 10$、$R < 10$。某化工企业辨识出 1 个重大危险源生产单元和 2 个重大危险源储存单元，经计算，对应的分级指标 $R$ 值分别是 5、5、40。那么该企业重大危险源对应的级别分别是（　　）。

　　A. 二级，二级，二级　　　　B. 二级，三级，四级

　　C. 四级，四级，三级　　　　D. 四级，三级，三级

12. 根据《危险化学品重大危险源辨识》（GB 18218—2018），依据危险化学品重大危险源的（　　）范围内常住人口数量，设定厂区外暴露人员校正系数 $\alpha$ 值。

　　A. 单元边界向外扩展 200 m　　B. 厂区边界向外扩展 200 m

　　C. 单元边界向外扩展 500 m　　D. 厂区边界向外扩展 500 m

13. 根据《危险化学品重大危险源辨识》（GB 18218—2018），在进行评估时，当危险化学品重大危险源的厂区外可能暴露人员数量从 150 人升至 550 人时，厂区外暴露人员校正系数 $\alpha$ 的值（　　）。

　　A. 变小　　　B. 不变　　　C. 变大　　　D. 不一定

14. 对涉及重点监管危险化学品、重点监管危险化工工艺和危险化学品重大危险源（即"两重点一重大"）的生产储存装置进行风险辨识分析，要采用危

与可操作性分析（HAZOP）技术，一般每（　　）年进行一次。

　　A. 2　　　　　B. 3　　　　　C. 4　　　　　D. 5

15. 危险化学品单位重大危险源发生危险化学品事故造成人员死亡，或者（　　）人以上受伤，或者影响到公共安全的，应当对重大危险源重新进行辨识、安全评估及分级。

　　A. 3　　　　　B. 10　　　　C. 20　　　　D. 30

## 二、多项选择题

1. 《危险化学品重大危险源辨识》（GB 18218—2018）适用于（　　）危险化学品的生产经营单位。

　　A. 生产　　　B. 使用　　　C. 经营　　　D. 储存

2. 根据《危险化学品重大危险源辨识》（GB 18218—2018），液氧的临界量是200 t。以下生产或储存液氧的设备设施构成重大危险源的是（　　）。

　　A. 实际储存量等于200 t的液氧储罐区

　　B. 设计最大储存量等于200 t的液氧储罐区

　　C. 液氧实际存在量等于200 t的液氧生产装置

　　D. 液氧制取过程中实际存在量等于100 t的中间储罐

3. 某化工生产企业要对厂内重大危险源进行辨识，根据《危险化学品重大危险源辨识》（GB 18218—2018），该厂需确定哪些参数值。（　　）

　　A. 该重大危险源厂区外暴露人员的校正系数 $\alpha$

　　B. 每种危险化学品相对应的校正系数 $\beta$

　　C. 厂内每种危险化学品相对应的实际存在量 $q$

　　D. 厂内每种危险化学品相对应的临界量 $Q$

4. 根据《危险化学品重大危险源辨识》（GB 18218—2018），可以作为重大危险源的生产单元和储存单元划分界限的有（　　）。

　　A. 切断阀　　B. 止回阀　　C. 防火堤　　D. 独立库房

5. 某化工企业计划新建一个存放汽油、甲醇和苯的储罐区，设计储存方案时提出以下几种方案，构成重大危险源的是（　　）。（已知汽油、甲醇、苯的临界量分别为 200 t、500 t、50 t。)

  A. 存放 100 t 汽油和 250 t 甲醇

  B. 存放 40 t 苯和 20 t 汽油

  C. 存放 50 t 汽油、100 t 甲醇和 20 t 苯

  D. 存放 100 t 汽油、50 t 甲醇和 20 t 苯

### 三、判断题

1. 根据《危险化学品重大危险源辨识》(GB 18218—2018),对危险化学品混合物进行重大危险源辨识时,如果混合物与其纯物质不属于相同危险类别,则应按新危险类别考虑其临界量。(　　)

2. 危险化学品单位组织本单位的注册安全工程师、技术人员对重大危险源进行安全评估是无效的,必须委托具有相应资质的安全评价机构进行安全评估。
(　　)

3. 根据《危险化学品重大危险源辨识》(GB 18218—2018),临界量是指某种或某类危险化学品构成重大危险源所规定的最小数量。(　　)

4. 根据《危险化学品重大危险源辨识》(GB 18218—2018),氨的临界量是 10 t,某化工企业液氨设计最大储存量 10 t 的单元即构成重大危险源。(　　)

5. 根据《危险化学品重大危险源辨识》(GB 18218—2018),重大危险源生产单元内存在的危险化学品为单一品种时,则单元内危险化学品的总量即为该危险化学品的数量。(　　)

## 参考答案及解析

### 一、单项选择题

1. B

【解析】根据《危险化学品重大危险源辨识》(GB 18218—2018)第 1 条的规定,危险化学品的厂外运输不适用于此标准。

2. C

【解析】根据《危险化学品重大危险源辨识》(GB 18218—2018)第3.4条的规定,重大危险源是指长期地或临时地生产、储存、使用和经营危险化学品,且危险化学品的数量等于或超过临界量的单元。

3. D

【解析】根据《危险化学品重大危险源辨识》(GB 18218—2018)第3.5条的规定,生产单元是指危险化学品的生产、加工及使用等的装置及设施,当装置与设施之间有切断阀的,应以切断阀作为分隔界限划分为独立的单元。

4. A

【解析】根据《危险化学品重大危险源辨识》(GB 18218—2018)第3.6条的规定,独立设置的仓库内有多层库房或多个防火分区的,应按照一个单元进行辨识。

5. B

【解析】根据《危险化学品重大危险源监督管理暂行规定》第八条的规定,重大危险源根据其危险程度,分为一级、二级、三级和四级,其中一级重大危险源危险程度最高。

6. C

【解析】根据《危险化学品重大危险源辨识》(GB 18218—2018)中第4.1.2条的规定,若一种危险化学品具有多种危险性,不同危险性对应不同的临界量,应将其中最低的临界量作为该危险化学品的临界量。

7. B

【解析】根据《危险化学品重大危险源辨识》(GB 18218—2018)第4.2.3条的规定,对于危险化学品混合物,如果混合物与其纯物质属于相同危险类别,则视为纯物质,按混合物整体进行计算;如果混合物与其纯物质不属于相同危险类别,则应按新危险类别考虑临界量。

8. B

【解析】根据《危险化学品重大危险源辨识》(GB 18218—2018)第4.2.1条的规定,该储罐区储存多种危险化学品,应该计算每种化学品与对应临界量的比值，100/200+300/500＝1.1>1，因此，该储罐区构成重大危险源。

9. C

【解析】根据《危险化学品重大危险源辨识》（GB 18218—2018）第 3.5 条、第 3.6 条的规定，危险化学品的生产、加工及使用等的装置及设施，当装置及设施之间有切断阀时，以切断阀作为分隔界限划分为独立的单元。用于储存危险化学品的储罐或仓库组成的相对独立的区域，储罐区以罐区防火堤为界限划分为独立的单元，仓库以独立库房（独立建筑物）为界限划分为独立的单元。

10. C

【解析】根据《危险化学品重大危险源辨识》（GB 18218—2018）第 4.2.2 条的规定，危险化学品储罐以及其他容器、设备或仓储区的危险化学品的实际存在量按设计最大储存量确定。

11. C

【解析】根据《危险化学品重大危险源辨识》（GB 18218—2018）第 4.3 条的规定，重大危险源分级是按辨识出的每个重大危险源进行分级，不是加和在一起进行分级。

12. D

【解析】根据《危险化学品重大危险源辨识》（GB 18218—2018）第 4.3.2 条的规定，厂区外暴露人员校正系数 $\alpha$ 的取值应该依据危险化学品重大危险源厂区外 500 m 范围暴露人员的数量，而不是单元外 500 m 暴露人员的数量。

13. B

【解析】根据《危险化学品重大危险源辨识》（GB 18218—2018）中第 4.3.2 条的规定，危险化学品重大危险源的厂区外可能暴露人员数量为 100 人以上时，厂区外暴露人员校正系数 $\alpha$ 为 2.0 且不再随着人数的增加而变化。

14. B

【解析】根据《关于加强化工过程安全管理的指导意见》（安监总管三〔2013〕88 号）第（五）条的规定，涉及"两重点一重大"的生产储存装置，每 3 年进行一次 HAZOP 分析。

15. B

【解析】根据《危险化学品重大危险源监督管理暂行规定》第十一条的规定，危险化学品单位发生危险化学品事故造成人员死亡，或者10人以上受伤，或者影响到公共安全的，应当对重大危险源重新进行辨识、安全评估及分级。

## 二、多项选择题

1. ABCD

【解析】根据《危险化学品重大危险源辨识》（GB 18218—2018）第1条的规定，该标准适用于生产、储存、使用和经营危险化学品的生产经营单位。

2. ABC

【解析】根据《危险化学品重大危险源辨识》（GB 18218—2018）第3.4条、第4.2.2条的规定，重大危险源是指长期地或临时地生产、储存、使用和经营危险化学品，且危险化学品的数量等于或超过临界量的单元。危险化学品储罐以及其他容器、设备或仓储区的危险化学品的实际存在量按设计最大储存量确定。选项D错误，对于液氧生产装置内的中间储罐，原则上与液氧生产装置一起进行辨识，不应列为单独的重大危险源辨识单元。

3. ABCD

【解析】根据《危险化学品重大危险源辨识》（GB 18218—2018）第4.3.2条的规定，重大危险源分级指标$R$值与该重大危险源厂区外暴露人员的校正系数$\alpha$、每种危险化学品相对应的校正系数$\beta$、每种危险化学品相对应的实际存在量$q$、每种危险化学品相对应的临界量$Q$ 4个系数有关。

4. ACD

【解析】根据《危险化学品重大危险源辨识》（GB 18218—2018）第3.5条、第3.6条的规定，重大危险源生产单元以切断阀作为分隔界限划分为独立的单元，储罐区以罐区防火堤为界限划分为独立的单元，仓库以独立库房（独立建筑物）为界限划分为独立的单元。选项B错误，不能以止回阀为界限划分为独立的单元。

5. AD

【解析】根据《危险化学品重大危险源辨识》（GB 18218—2018）中关于重

大危险源的判定方法进行计算：A 选项，100/200+250/500＝1≥1，构成重大危险源；B 选项，40/50+20/200＝0.9<1，不构成重大危险源；C 选项，50/200+100/500+20/50＝0.85<1，不构成重大危险源；D 选项，100/200+50/500+20/50＝1≥1，构成重大危险源。

### 三、判断题

1. 正确

【解析】根据《危险化学品重大危险源辨识》（GB 18218—2018）第 4.2.3 条的规定，对危险化学品混合物进行重大危险源辨识时，如果混合物与其纯物质属于相同危险类别，则视混合物为纯物质，按混合物整体进行计算。如果混合物与其纯物质不属于相同危险类别，则应按新危险类别考虑其临界量。

2. 错误

【解析】根据《危险化学品重大危险源监督管理暂行规定》第八条的规定，危险化学品单位应当对重大危险源进行安全评估并确定重大危险源等级。危险化学品单位可以组织本单位的注册安全工程师、技术人员或者聘请有关专家进行安全评估，也可以委托具有相应资质的安全评价机构进行安全评估。

3. 正确

【解析】根据《危险化学品重大危险源辨识》（GB 18218—2018）第 3.3 条的规定，临界量是指某种或某类危险化学品构成重大危险源所规定的最小数量。

4. 正确

【解析】根据《危险化学品重大危险源辨识》（GB 18218—2018）第 3.4 条、第 4.2.2 条的规定，重大危险源是指长期地或临时地生产、储存、使用和经营危险化学品，且危险化学品的数量等于或超过临界量的单元。危险化学品仓储区的危险化学品的实际存在量按设计最大储存量确定。

5. 正确

【解析】根据《危险化学品重大危险源辨识》（GB 18218—2018）第 4.2.1 条的规定，重大危险源单元内存在的危险化学品为单一品种，则单元内危险化学品的总量即为该危险化学品的数量。

## 第二节　典型危险化学品的危险特性

## 习　　题

### 一、单项选择题

1. 某脱硫装置大检修期间，未对脱硫的生产设备进行钝化处理，便打开设备人孔，设备内壁的腐蚀物质最有可能导致（　　）。

　　A. 硫化氢中毒　　　　　　B. 硫化亚铁自燃

　　C. 设备报废　　　　　　　D. 粉尘中毒

2. 以下危险化学品属于剧毒物质的是（　　）。

　　A. 氨　　　B. 甲醇　　　C. 氯　　　D. 硫化氢

3. 电石遇水立即发生激烈反应，生成高度易燃易爆的（　　）。

　　A. 甲烷　　　B. 丙烷　　　C. 乙烯　　　D. 乙炔

4. 重质油品在燃烧过程中，热量会逐渐深入罐底加热冷油。当燃烧时间足够长、罐底的水或乳化液被加热至沸点以上时，易产生（　　）现象。

　　A. 沸腾　　　B. 汽化　　　C. 沸溢　　　D. 蒸腾

5. 下列关于氯的表述，不正确的是（　　）。

　　A. 吸入后可致人体中毒　　　B. 液氯钢瓶受热有爆炸的危险

　　C. 应避免与醇类接触　　　　D. 氯极易燃

6. 下列关于氨的表述，不正确的是（　　）。

　　A. 对眼、呼吸道黏膜有强烈刺激和腐蚀作用

　　B. 比空气重，一般以液态形式储存

　　C. 与氟等接触会发生剧烈的化学反应

　　D. 应避免与酸类接触

7. 下列关于液化石油气的表述，不正确的是（　　）。

A. 黄绿色易燃气体

B. 易燃易爆

C. 与氯接触会发生剧烈的化学反应

D. 避免与氧化剂接触

8. 下列关于氯乙烯的表述，不正确的是（　　）。

A. 可致癌

B. 特殊工况下可发生剧烈聚合

C. 比空气轻，会随风扩散至高空

D. 能与空气形成爆炸性混合物

9. 下列关于汽油的表述，不正确的是（　　）。

A. 蒸气与空气能形成爆炸性混合物

B. 可用塑料桶盛装

C. 高速冲击、流动、激荡后可因产生静电火花放电引起燃烧爆炸

D. 用水扑救无效

10. 下列关于电石的表述，不正确的是（　　）。

A. 工业品为灰黑色块状物

B. 是重要的基本化工原料，主要用于产生乙炔气

C. 与皮肤接触会损害皮肤，引起皮肤瘙痒、炎症、溃疡、黑皮病

D. 遇湿反应时吸收大量热

11. 下列关于苯的表述，不正确的是（　　）。

A. 无色无味透明液体

B. 易燃

C. 长期接触苯会损害人体造血功能

D. 致癌物

12. 下列关于环氧乙烷的表述，不正确的是（　　）。

A. 易燃无毒

B. 加热时剧烈分解

C. 蒸气能与空气形成范围广阔的爆炸性混合物

D. 避免与酸类、碱类接触

13. 下列关于丁二烯的表述，不正确的是（　　）。

    A. 无色气体，有芳香味，易液化

    B. 极易与氧发生氧化反应

    C. 相对稳定，但具有助燃性

    D. 充装时使用万向节管道充装系统

14. 下列关于硝酸铵的表述，不正确的是（　　）。

    A. 有强氧化性

    B. 在高热环境下可能会发生爆炸

    C. 遇猛烈撞击时可能发生爆炸

    D. 可与还原剂混储

15. 下列关于易燃液体的表述，正确的是（　　）。

    A. 在装卸时可不必控制物料流速

    B. 易燃液体的黏度一般都很大，不易流动

    C. 易燃液体闪点越高，危险性越大

    D. 易燃液体蒸气在密闭空间中可发生闪爆

16. 下列关于危险化学品储存的表述，不正确的是（　　）。

    A. 灭火方法不同的危险化学品不能同库储存

    B. 构成重大危险源的危险化学品储存设施选址，应避开容易发生洪灾的区域

    C. 构成重大危险源的危险化学品与其他危险化学品共用仓库时，应实行双人收发、双人保管制度

    D. 爆炸物品、遇湿燃烧物品、剧毒物品不得露天堆放

17. 下列关于液体闪点的表述，正确的是（　　）。

    A. 液体饱和蒸气压越大，其闪点越高

    B. 闪点低于 60 ℃的可燃液体称为甲类液体

    C. 可燃液体温度越高，闪点越高

    D. 两种可燃液体混合物的闪点，一般在这两种液体闪点之间，并低于该

两种液体闪点的平均值

18. 下列关于物质危害特性的表述，不正确的是（　　）。

　　A. 毒性越强，其燃爆危险越大

　　B. 硫化氢有燃爆危险

　　C. 酸和碱类物质一般都有腐蚀性

　　D. 沸点与物质的燃爆危险性没有直接关系

19. 下列物质中，属于氧化剂的是（　　）。

　　A. 甲苯　　　B. 甲酸甲酯　　C. 焦炭　　　　D. 高锰酸钾

20. 根据《危险化学品安全管理条例》，危险化学品是指具有（　　）等性质，对人体、设施、环境具有危害的剧毒化学品和其他化学品。

　　A. 毒害、腐蚀　　　　　　B. 爆炸、燃烧

　　C. 助燃　　　　　　　　　D. 以上都是

## 二、多项选择题

1. 下列表述正确的是（　　）。

　　A. 碳金属、硼氢化合物，放置于空气中可自燃

　　B. 金属钾遇水能生成可燃气体，放出热量

　　C. 遇水或遇酸会发生燃烧的物质着火时，可用干砂、干粉灭火剂、泡沫灭火剂灭火

　　D. 木屑、棉纱浸入油脂后易发生自燃

2. 爆炸所产生的破坏是由能量的消散导致的，能量可通过（　　）消散掉。

　　A. 压力波的形成　　　　　B. 抛射物

　　C. 热辐射　　　　　　　　D. 声能

3. 以下表述正确的是（　　）。

　　A. 丁二烯极易与氧发生氧化反应

　　B. 氯是强还原剂，与水反应，生成有毒的次氯酸和盐酸

　　C. 石油对健康的危害取决于石油的组成成分，对健康危害最典型的是苯及其衍生物

D. 氯乙烯是一种极易燃气体，但对人体没有危害

E. 液氨泄漏会迅速气化，吸收大量的热，使环境温度迅速降低，导致事故现场人员发生冻伤

4. 氯与下列（　　）接触有爆炸的可能。

A. 乙炔　　　　B. 乙醚　　　　C. 氨　　　　D. 氢气

E. 铝粉

5. 下列关于硝酸铵的表述，正确的是（　　）。

A. 化学性质活泼，具有遇湿易燃的特性

B. 生产和储存过程应远离火源

C. 长时间处于高温环境中可能发生爆炸

D. 与硫、磷、金属粉末等混合可形成爆炸性混合物

E. 具有潮解性

## 三、判断题

1. 闪点是在规定的试验条件下，可燃性液体表面产生的蒸气与空气形成的混合物，遇火源能够闪燃的液体的最低温度。从此定义可知，固体没有闪点。
（　　）

2. 相对密度指物质的密度与参考物质的密度在各自规定的条件下之比，参考物质一般是水或空气。在同等条件下同样大小的容器中，某种气体质量是空气的70%，那么气体的相对密度是0.7。（　　）

3. 环氧乙烷常温下为无色、有醚样气味的气体，比空气重。（　　）

4. 原油根据相对密度分为轻质原油和重质原油，其中，轻质原油略轻于水，重质原油略重于水。（　　）

5. 氯和氨经呼吸道吸入时，均会对人体产生刺激和腐蚀作用。（　　）

6. 液化石油气泄漏后极易引起火灾。它比空气轻，能扩散到相当远的地方，遇点火源会着火回燃。（　　）

7. 氢和氯、氢和氧、乙炔和氯、乙炔和氧混合均能形成爆炸性混合物。
（　　）

8. 依据《危险化学品安全管理条例》，危险化学品生产企业发现其生产的危险化学品有新的危害特性时，应当立即公告。其安全技术说明书和安全标签可暂缓修订。（  ）

9. 易燃液体、遇湿易燃物品、易燃固体不得与氧化剂混合储存，具有还原性的氧化剂应单独存放。（  ）

10. 苯是确认人类致癌物。（  ）

## 参考答案及解析

一、单项选择题

1. B

【解析】设备内表面生成硫化亚铁在含少量水的情况下，自热温度降至常温，从而使硫化亚铁在常温下也能自燃，在停工维修时容易发生自燃。

2. C

【解析】根据《危险化学品目录（2015 版）》的规定，氯被列入 148 种剧毒化学品之列。氨、甲醇、硫化氢未被列入剧毒化学品之列。

3. D

【解析】电石遇水立即发生激烈反应，生成高度易燃易爆的乙炔。

4. C

【解析】根据《石油化工企业设计防火标准（2018 年版）》（GB 50160—2008）第 2.0.21 条的规定，当罐内储存介质温度升高时，由于热传递作用，使罐底水层急速汽化，易发生沸溢现象。

5. D

【解析】氯本身不燃，但可助燃。

6. B

【解析】氨比空气轻。

7. A

【解析】液化石油气无色。

8. C

【解析】氯乙烯比空气重,能在较低处扩散到相当远的地方,遇火源会着火回燃。

9. B

【解析】汽油应用储罐、铁桶等容器盛装,不能用塑料桶来存放汽油。

10. D

【解析】电石遇湿易燃,生成乙炔,并放出大量热。

11. A

【解析】苯为具有强烈芳香味的易燃液体。

12. A

【解析】环氧乙烷极易燃,蒸气能与空气形成范围广阔的爆炸性混合物,遇高热和明火有燃烧爆炸危险。可致中枢神经系统、呼吸系统损害,重者引起昏迷和肺水肿。可致心肌损害和肝损害。可致皮肤损害和眼灼伤。

13. C

【解析】丁二烯是极易燃气体,不具有助燃性。

14. D

【解析】硝酸铵应与易(可)燃物、还原剂、酸类、活性金属粉末分开存放,切忌混储。

15. D

【解析】对于易燃液体,在装卸时应控制速度。易燃液体黏度都很小,容易流淌。易燃液体闪点越低,危险性越大。

16. C

【解析】根据《危险化学品安全管理条例》第二十四条的规定,剧毒化学品以及储存数量构成重大危险源的其他危险化学品,应当在专用仓库内单独存放,并实行双人收发、双人保管制度。

17. D

【解析】实验表明,两种可燃液体混合物的闪点,一般在这两种液体闪点之间，并低于两种物质闪点的平均值。

18. A

【解析】毒性和燃爆危险性没有直接关系。

19. D

【解析】高锰酸钾是一种强氧化剂。

20. D

【解析】根据《危险化学品安全管理条例》第三条的规定，危险化学品是指具有毒害、腐蚀、爆炸、燃烧、助燃等性质，对人体、设施、环境具有危害的剧毒化学品和其他化学品。

## 二、多项选择题

1. ABD

【解析】遇水或遇酸会发生燃烧的物质着火时，不能用水及泡沫灭火剂扑救，应用干砂、干粉灭火剂、二氧化碳灭火剂等进行扑救。

2. ABCD

【解析】能量的消散表现为爆炸所产生的破坏力，能量可通过压力波的形成、抛射物、热辐射、声能等消散掉。

3. ACE

【解析】选项 B 错误，氯是强氧化剂。选项 D 错误，氯乙烯可导致人员中毒，也是一种致癌物。

4. ABCDE

【解析】氯的活性反应表现在能与汽油等石油产品、烃、氨、醚、松节油、醇、乙炔、二硫化碳、氢气、金属粉末和磷接触形成爆炸性混合物。

5. BCDE

【解析】选项 A 错误，硝酸铵不属于遇湿易燃物品。

## 三、判断题

1. 错误

【解析】闪点是指在规定的试验条件下,可燃性液体或固体表面产生的蒸气与空气形成的混合物,遇火源能够闪燃的液体或固体的最低温度。像樟脑、萘可以在空气中缓慢蒸发,也有闪点。

2. 正确

【解析】以空气为参考物质(空气=1),在体积相同的情况下,气体质量与空气质量之比即为气体的相对密度。

3. 正确

【解析】环氧乙烷常温下为无色、有醚样气味的气体,比空气重。

4. 错误

【解析】原油的相对密度在0.9~1.0的称为重质原油,小于0.9的称为轻质原油,无论是重质原油还是轻质原油均轻于水。

5. 正确

【解析】氯经呼吸道吸入时,产生局部刺激和腐蚀作用。氨对眼、呼吸道黏膜有强烈刺激和腐蚀作用。

6. 错误

【解析】液化石油气蒸气比空气重,能在较低处(坑、沟、下水道等)扩散到相当远的地方,遇点火源会着火回燃。

7. 正确

【解析】氯、氧具有强氧化性,一般易燃气体或蒸气都能与氯气、氧气形成爆炸性混合物。

8. 错误

【解析】根据《危险化学品安全管理条例》第十五条的规定,危险化学品生产企业发现其生产的危险化学品有新的危险特性的,应当立即公告,并及时修订其化学品安全技术说明书和化学品安全标签。

9. 正确

【解析】根据《常用化学危险品贮存通则》(GB 15603—1995)第6.7条的规定,易燃液体、遇湿易燃物品、易燃固体不得与氧化剂混合储存,具有还原性的氧化剂应单独存放。

10. 正确

【解析】根据研究,已知苯对人体具有致癌性。

## 第三节 重大危险源风险知识

## 习 题

### 一、单项选择题

1. 沸腾液体扩展蒸气云爆炸发生过程中,首先出现的是( )爆炸,然后出现( )爆炸,因此破坏力极大。

  A. 物理,化学    B. 化学,物理

  C. 物理,物理    D. 化学,化学

2. 生产工艺过程中所产生静电的最大危险是引起爆炸。因此,在爆炸危险环境必须采取严密的防静电措施,下列不属于防静电措施的有( )。

  A. 安装短路和过载保护装置

  B. 将作业现场所有不带电的金属连成整体并接地

  C. 限制物料的输送速度

  D. 增加作业环境的相对湿度

3. 在爆炸性气体环境中发生爆炸应符合的条件有( )。

  A. 存在可燃气体、可燃液体的蒸气或薄雾,浓度在爆炸极限以内;存在足以点燃爆炸性气体混合物的火花、电弧或高温

  B. 环境中氧含量低于0.5%(体积分数)

  C. 可燃气体、可燃液体的蒸气必须充分混合均匀

  D. 环境温度必须高于可燃气体、可燃液体的蒸气的闪点

4. 爆破片装置由爆破片和夹持器两部分组成,它是一种( )安全附件。

  A. 隔离型  B. 断裂型  C. 熔化型  D. 熔断型

5. 石油化工企业的可燃气体压缩机宜布置在敞开或半敞开式厂房内，比空气轻的可燃气体压缩机半敞开式或封闭式厂房的（　　）应采取通风措施。

　　A. 顶部　　　　B. 底部　　　　C. 墙面底部　　D. 地面层

6. 下列关于危险化学品生产、储存安全管理的表述，正确的是（　　）。

　　A. 建设单位应当将危险化学品生产建设项目的安全条件论证和安全评价的情况报告，报建设项目所在地县级以上人民政府应急管理部门审查

　　B. 进行可能危及危险化学品管道安全的施工作业，施工单位应当在开工的 15 日前书面通知管道所属单位

　　C. 危险化学品生产企业进行生产前，应当取得危险化学品安全生产许可证

　　D. 剧毒化学品以及储存数量构成重大危险源的其他危险化学品，应当在仓库内与其他物品隔开存放，并实行专人保管制度

7. 在对爆炸性气体环境进行分区时，有直接影响的因素是（　　）。

　　A. 释放源的等级和通风条件　　　B. 空气的温度

　　C. 空气的湿度　　　　　　　　　D. 环境的噪声振源

8. 机械的本质安全是指在（　　）阶段采取措施消除隐患的一种实现机械安全的方法。

　　A. 设计　　　　B. 制造　　　　C. 使用　　　　D. 维修

9. 可燃液体设备的安全阀出口泄放管应接入储罐或其他容器，泵的安全阀出口泄放管宜接至泵的（　　）、塔或其他容器。

　　A. 出口管道　　B. 入口管道　　C. 排液管道　　D. 排气管道

10. 危险化学品生产经营单位构成（　　）场所必须设置安全监测监控系统，安全监测监控系统必须定期检查、维护和保养，确保其有效运行。

　　A. 一、二级重大危险源　　　　B. 三、四级重大危险源

　　C. 重大危险源　　　　　　　　D. 一级重大危险源

11. 下列化学品中，遇到空气会立即发烟并起火的是（　　）。

　　A. 氯化钾　　　B. 三乙基铝　　C. 硫单质　　　D. 过氧化氢

12. 根据《石油化工企业设计防火标准（2018 年版）》（GB 50160—2008），

液化烃的储罐应设液位计、温度计、压力表、安全阀,以及高液位报警和高高液位(　　)措施。

A. 自动联锁切断进出口进出料　　B. 自动联锁切断进料

C. 自动联锁打开泄放　　D. 安全仪表系统控制

13. 根据《石油化工企业设计防火标准(2018年版)》(GB 50160—2008),连续操作的可燃气体管道的低点应设两道排液阀,排出的液体应排放至密闭系统;(　　)的排液阀,可设一道阀门并加丝堵、管帽、盲板或法兰盖。

A. 生产正常期间使用　　B. 仅在开停工时使用

C. 间歇、周期性使用　　D. 使用压力等级较低

14. 《关于进一步加强危险化学品建设项目安全设计管理的通知》(安监总管三〔2013〕76号)中要求涉及"两重点一重大"和首次工业化设计的建设项目,必须在(　　)阶段开展HAZOP分析。

A. 可行性研究　　B. 基础设计

C. 详细设计　　D. 竣工验收

15. 危险化学品管理中"两重点一重大"指重点监管危险化学品、重点监管危险化工工艺和危险化学品(　　)。

A. 重大事故　　B. 重大事故隐患

C. 重大危险源　　D. 重点部位

16. 涉及"两重点一重大"的大型建设项目,其设计单位资质应为工程设计综合资质或相应工程设计化工石化医药、石油天然气(海洋石油)行业、专业资质(　　)。

A. 甲级　　B. 乙级　　C. 一级　　D. 二级

17. 企业要根据国家有关规定或参照国际相关标准,确定本企业(　　)。对辨识分析发现的不可接受风险,企业要及时制定并落实消除、减少或控制风险的措施,将风险控制在可接受的范围内。

A. 安全风险分布　　B. 安全生产状况

C. 可接受的风险标准　　D. 安全隐患等级

18. 风险等于事故发生的(　　)与事故可能造成后果严重度的乘积。

A. 可能性　　B. 伤亡人数　　C. 经济损失　　D. 严重性

19. 重大危险源的化工生产装置应设置能满足安全生产要求的自动化控制系统,(　　)重大危险源装备紧急停车系统。

    A. 一级或者二级　　　　　　B. 三级

    C. 四级　　　　　　　　　　D. 一级、二级、三级、四级

20. 危险源辨识与风险评价应覆盖(　　)。

    A. 本单位的所有区域

    B. 所有进入作业场所的人员(包括合同方人员和访问者)的活动

    C. 工作场所的设施(无论由本组织或由外界提供)

    D. 本单位的所有活动和区域

21. 当出现下列(　　)情况时,应组织相关部门及时对危害因素进行重新辨识。

    A. 公司活动、产品和服务发生变化时

    B. 新、扩、改建项目

    C. 组织机构发生较大变动

    D. 以上都是

22. 风险与危险源之间既有联系又有本质区别。危险源是风险的(　　),风险是危险源的(　　);任何危险源都会伴随着风险。

    A. 属性,载体　　　　　　　B. 客体,主体

    C. 主体,客体　　　　　　　D. 载体,属性

23. 根据《中华人民共和国职业病防治法》,对可能发生急性职业损伤的有毒、有害工作场所,用人单位应当设置报警装置,(　　)、应急撤离通道和必要的泄险区。

    A. 配置现场专职医疗人员

    B. 配置急救交通车辆

    C. 配置现场急救用品、冲洗设备

    D. 配置性能稳定的通信工具

24. 涉及硫化氢的重大危险源场所,其职业卫生最高允许接触浓度是(　　)。

A. 5 mg/m³  B. 10 mg/m³  C. 15 mg/m³  D. 40 mg/m³

25. 某企业在生产过程中，重大危险源区域出现重大事故隐患，并危及人员生命安全，从业人员有权（    ）。

　　A. 继续作业

　　B. 要求更换工种

　　C. 停止作业或者在采取可能的应急措施后撤离作业场所

　　D. 排险

## 二、多项选择题

1. 工艺系统气密性试验宜采用的介质是（    ）。
   A. 氧气　　　B. 空气　　　C. 氮气　　　D. 二氧化碳

2. 企业应在下列（    ）情形发生时，及时进行风险评价。
   A. 新的或变更的法律法规或其他要求
   B. 操作条件变化或工艺改变
   C. 技术改造项目
   D. 有对事件、事故或其他信息的新认识
   E. 组织机构发生大的调整

3. 根据《石油化工企业设计防火标准（2018年版)》（GB 50160—2008），装置的（    ）等不得与设有甲、乙_A类设备的房间布置在同一建筑物内。装置的控制室与其他建筑物合建时，应设置独立的防火分区。
   A. 控制室　　B. 机柜间　　C. 变配电所　　D. 化验室
   E. 办公室

4. 根据《危险化学品生产储存企业安全风险评估诊断分级指南（试行)》的规定，企业存在下列（    ）情况之一，可直接判定为红色（最高风险）等级。
   A. 新开发的危险化学品生产工艺未经小试、中试和工业化试验直接进行工业化生产
   B. 在役化工装置未经正规设计且未进行安全设计诊断
   C. 危险化学品特种作业人员未持有效证件上岗或未达到高中以上文化程度

D. 未开展操作规程年度适应性和有效性确认

E. 隐患整改率未达到 100%

5. 根据《关于加强化工过程安全管理的指导意见》（安监总管三〔2013〕88号）中关于"风险管理"的规定，对除了涉及"两重点一重大"的其他生产储存装置的风险辨识分析，选用（　　）等方法或多种方法组合，可每 5 年进行一次。

　　A. 安全检查表

　　B. 工作危害分析

　　C. 预先危险性分析

　　D. 故障类型和影响分析（FMEA）

　　E. HAZOP 技术

6. 《危险化学品安全管理条例》规定除运输工具加油站、加气站外，危险化学品的生产装置和储存数量构成重大危险源的储存设施，与下列哪些场所、设施、区域的距离应当符合国家有关规定。（　　）

　　A. 居住区　　　　　　　　B. 商业中心

　　C. 自然保护区　　　　　　D. 学校

7. 《关于全面实施危险化学品企业安全风险研判与承诺公告制度的通知》（应急〔2018〕74 号）中关于安全风险研判的重点内容包括（　　）。

　　A. 生产装置是否处于安全运行状态

　　B. 危险化学品罐区、仓库等重大危险源是否处于安全运行状态

　　C. 高危生产活动及作业的安全风险是否处于可控状态

　　D. 重大风险、较大风险是否落实管控及降低风险措施

　　E. 重大隐患是否落实治理措施

8. 根据《危险化学品重大危险源监督管理暂行规定》的要求，下列关于重大危险源评估的表述，正确的是（　　）。

　　A. 评估可以与法律、行政法规规定的安全评价一并进行

　　B. 安全评估可以单独进行

　　C. 在一级、二级等级别较高的重大危险源中存量较高时，危险化学品单

位应当委托具有相应资质的安全评价机构进行评估

D. 应每 5 年进行一次评估

9. 下列表述正确的是（　　）。

A. 将设备不带电的金属外壳用导体与埋在地下的接地极连接起来称为保护接地

B. 引起储罐发生抽瘪事故的因素很多，确保安全阀工作正常是预防储罐抽瘪事故的直接措施之一

C. 在高温场所作业过程中，为防止中暑，可适当饮用一些淡盐水

D. 易燃易爆场所作业的人员不能穿化纤工作服

10. 企业应建立实时监控预警系统，对危险源的安全状况进行实时监控，严密监视可能使危险源的（　　）向隐患和（　　）转化的各种参数的变化趋势，及时发出预警信息。

A. 安全状态　　B. 稳定状态　　C. 事故状态　　D. 预警状态

## 三、判断题

1. 为了保证风险辨识工作的质量，企业只能组织管理人员和技术人员参与风险辨识。（　　）

2. 按照能量的来源可将爆炸分为物理爆炸、化学爆炸和核爆炸。（　　）

3. 根据《中华人民共和国安全生产法》，生产经营单位应当按照国家有关规定将本单位重大危险源及有关安全措施、应急措施报有关地方人民政府应急管理部门和有关部门审批。（　　）

4. 重大事故隐患与重大危险源是引发重大事故的源头，所以两者的概念是等同的。（　　）

5. 精细化工的反应工艺危险度被确定为 2 级及以上的，要根据危险度等级和评估建议，设置相应的安全设施和安全仪表系统。（　　）

6. 根据《火灾分类》（GB/T 4968—2008），将火灾类型分为 6 类，其中 D 类火灾是指电气火灾。（　　）

7. 《危险化学品重大危险源罐区现场安全监控装备设置规范》（AQ 3036—

2010）中要求，压力报警高限至少设置两级，第一级报警阈值为正常工作压力的上限，第二级为容器设计压力的80%，并应低于安全阀设定值。（　　）

8. 企业在开展危险源辨识过程中，应对人的不安全行为、物的不安全状态、环境和管理缺陷等危害因素进行辨识。（　　）

9. 根据《石油化工安全仪表系统设计规范》（GB 50770—2013），紧急停车按钮应采用黑色。（　　）

10. 所有危险化学品重大危险源都必须配备温度、压力、液位、流量、组分等信息的不间断采集系统。（　　）

# 参考答案及解析

## 一、单项选择题

1. A

【解析】沸腾液体扩展蒸气云爆炸，首先是储罐内液体急剧沸腾产生大量热量而引发一种爆炸式的沸腾现象，这是一种物理爆炸，爆炸能量来源于沸腾液体和蒸气的膨胀；然后储罐破裂后逸散的可燃物被点燃进而发生化学爆炸。

2. A

【解析】预防和消除静电的措施包括：静电跨接，限制物料流速防止静电积累，增加作业场所的相对湿度以及安装静电消除器。安装短路和过载保护装置是防止电击和电气事故的安全保护措施，不是防静电措施。

3. A

【解析】根据《爆炸危险环境电力装置设计规范》（GB 50058—2014）第3.1.2条的规定，在爆炸性气体环境中发生爆炸应符合下列条件：

（1）存在可燃气体、可燃液体的蒸气或薄雾，浓度在爆炸极限以内。

（2）存在足以点燃爆炸性气体混合物的火花、电弧或高温。

4. B

【解析】爆破片装置是通过片膜断裂来实现泄压的，属于断裂型安全附件。

5. A

【解析】根据《石油化工企业设计防火标准（2018年版）》（GB 50160—2008）第5.3.1条的规定，比空气轻的可燃气体压缩机半敞开式或封闭式厂房的顶部应采取通风措施。

6. C

【解析】根据《安全生产许可证条例》第二条的规定，危险化学品生产企业进行生产前，应当取得危险化学品安全生产许可证。

7. A

【解析】根据《爆炸危险环境电力装置设计规范》（GB 50058—2014）第3.2.5条的规定，爆炸危险区域的划分应按释放源级别和通风条件确定，存在连续级释放源的区域可划分为0区，存在一级释放源的区域可划分为1区，存在二级释放源的区域可划分为2区，并应根据通风条件调整区域划分。

8. A

【解析】本质安全是指通过设计等手段使生产设备或生产系统本身具有安全性，即使在误操作或发生故障的情况下也不会造成事故的发生。

9. B

【解析】根据《石油化工企业设计防火标准（2018年版）》（GB 50160—2008）第5.5.4条的规定，可燃液体设备的安全阀出口泄放管应接入储罐或其他容器，泵的安全阀出口泄放管宜接至泵的入口管道、塔或其他容器。

10. C

【解析】根据《危险化学品重大危险源监督管理暂行规定》第十五条的规定，危险化学品单位应当按照国家有关规定，定期对重大危险源的安全设施和安全监测监控系统进行检测、检验，并进行经常性维护、保养，保证重大危险源的安全设施和安全监测监控系统有效、可靠运行。

11. B

【解析】氯化钾是相对稳定的无机盐，与食盐性质相似，在空气中可以吸水潮解，但不会发烟；硫单质与空气不会直接反应，需要点燃方可生成二氧化硫，并产生淡蓝色火焰，不发烟；过氧化氢俗称双氧水，纯过氧化氢是淡蓝色的黏稠液体，在空气中会缓慢分解为水和氧气，也不会发烟；三乙基铝是极不稳定的有机铝盐，遇到空气会自燃，生成三氧化二铝和二氧化碳，所发烟雾即为三氧化二铝。

12. B

【解析】根据《石油化工企业设计防火标准（2018年版）》（GB 50160—2008）第6.3.11条的规定，液化烃的储罐应设液位计、温度计、压力表、安全阀，以及高液位报警和高高液位自动联锁切断进料措施。

13. B

【解析】根据《石油化工企业设计防火标准（2018年版）》（GB 50160—2008）第7.2.8条的规定，连续操作的可燃气体管道的低点应设两道排液阀，排出的液体应排放至密闭系统；仅在开停工时使用的排液阀，可设一道阀门并加丝堵、管帽、盲板或法兰盖。

14. B

【解析】根据《关于进一步加强危险化学品建设项目安全设计管理的通知》（安监总管三〔2013〕76号）第二条的规定，涉及"两重点一重大"和首次工业化设计的建设项目，必须在基础设计阶段开展HAZOP分析。

15. C

【解析】"两重点一重大"是指重点监管危险化学品、重点监管危险化工工艺和危险化学品重大危险源。

16. A

【解析】根据《关于进一步加强危险化学品建设项目安全设计管理的通知》（安监总管三〔2013〕76号）第一条的规定，涉及重点监管危险化工工艺、重点监管危险化学品和危险化学品重大危险源的大型建设项目，其设计单位资质应为工程设计综合资质或相应工程设计化工石化医药、石油天然气（海洋石油）行业、专业资质甲级。

17. C

【解析】根据《危险化学品生产装置和储存设施风险基准》（GB 36894—2018）第4条的规定，企业要根据国家有关规定或参照国际相关标准，确定本企业可接受的风险标准。对辨识分析发现的不可接受风险，企业要及时制定并落实消除、减少或控制风险的措施，将风险控制在可接受的范围内。

18. A

【解析】根据安全学原理，风险等于事故发生的可能性与事故后果的严重度的乘积。

19. A

【解析】根据《危险化学品重大危险源监督管理暂行规定》第十三条的规定，一级或者二级重大危险源的化工生产装置应装备紧急停车系统。

20. D

【解析】在对危险源开展辨识与评价时，评价范围应为本单位所涉及的全部区域和活动。

21. D

【解析】当公司的活动、产品和服务发生变化，存在新扩改项目和组织机构变化，均可能对企业的环境因素和管理因素构成影响，因此需要对可能涉及的危害环境因素重新辨识。

22. D

【解析】风险是危险源固有的，所以危险源是风险的载体；只要有危险源就会有风险，所以风险是危险源的属性。

23. C

【解析】根据《中华人民共和国职业病防治法》第二十五条的规定，对可能发生急性职业损伤的有毒、有害工作场所，用人单位应当设置报警装置，配置现场急救用品、冲洗设备、应急撤离通道和必要的泄险区。

24. B

【解析】硫化氢是强烈的神经毒物，对黏膜有强烈刺激作用，其职业卫生最高允许接触浓度是 10 mg/m$^3$。

25. C

【解析】根据《中华人民共和国安全生产法》第五十五条的规定，从业人员发现直接危及人身安全的紧急情况时，有权停止作业或者在采取可能的应急措施后撤离作业场所。

## 二、多项选择题

1. BC

【解析】根据《化学工业建设项目试车规范》(HG 20231—2014)第6.6.5条的规定，工艺系统气密性试验介质宜采用空气或氮气。

2. ABCDE

【解析】根据《危险化学品从业单位安全标准化通用规范》(AQ 3013—2008)第5.2.6.3条的规定，企业应在下列情形发生时及时进行风险评价：

(1) 新的或变更的法律法规或其他要求。

(2) 操作条件变化或工艺改变。

(3) 技术改造项目。

(4) 有对事件、事故或其他信息的新认识。

(5) 组织机构发生大的调整。

3. ABCDE

【解析】根据《石油化工企业设计防火标准（2018年版）》(GB 50160—2008)第5.2.16条的规定，装置的控制室、机柜间、变配电所、化验室、办公室等不得与设有甲、乙$_A$类设备的房间布置在同一建筑物内。装置的控制室与其他建筑物合建时，应设置独立的防火分区。

4. ABC

【解析】根据《危险化学品生产储存企业安全风险评估诊断分级指南（试行）》规定，存在下列情况之一的企业直接判定为红色（最高风险）等级：

(1) 新开发的危险化学品生产工艺未经小试、中试和工业化试验直接进行工业化生产。

(2) 在役化工装置未经正规设计且未进行安全设计诊断。

(3) 危险化学品特种作业人员未持有效证件上岗或未达到高中以上文化程度。

(4) 3年内发生过重大以上安全事故的，或者3年内发生2起较大安全事故，或者近 1 年内发生 2 起以上亡人一般安全事故。

5. ABCDE

【解析】根据《关于加强化工过程安全管理的指导意见》（安监总管三〔2013〕88 号）第（五）条的规定，除了"两重点一重大"的其他生产储存装置的风险辨识分析，针对装置不同的复杂程度，选用安全检查表、工作危害分析、预先危险性分析、故障类型和影响分析（FMEA）、HAZOP 技术等方法或多种方法组合，可每 5 年进行一次。

6. ABCD

【解析】根据《危险化学品安全管理条例》第十九条的规定，危险化学品生产装置或者储存数量构成重大危险源的危险化学品储存设施（运输工具加油站、加气站除外），与居住区以及商业中心、公园等人员密集场所，与学校、医院等公共设施，与自然保护区的距离应当符合国家有关规定。

7. ABCDE

【解析】根据《关于全面实施危险化学品企业安全风险研判与承诺公告制度的通知》（应急〔2018〕74 号）的规定，安全风险研判的重点内容包括：生产装置的安全运行状态，危险化学品罐区、仓库等重大危险源的安全运行状态，高危生产活动及作业的安全风险可控状态以及按照风险辨识结果，重大、较大风险是否落实管控措施，重大隐患是否落实治理措施。

8. ABC

【解析】根据《危险化学品重大危险源监督管理暂行规定》第八条的规定，重大危险源安全评估可以与法律、行政法规规定的安全评价一并进行，也可以单独进行；如果其在一级、二级等级别较高的重大危险源中存量较高，危险化学品单位应当委托具有相应资质的安全评价机构评估。

9. ACD

【解析】选项 B 错误，呼吸阀是指既保证储罐空间在一定压力范围内与大气隔绝、又能在超过或低于此压力范围时与大气相通（呼吸）的一种阀门。其作用是防止储罐因超压或真空导致破坏，同时可减少储液的蒸发损失。因此，确保呼吸阀工作正常是预防储罐抽瘪事故的直接措施之一。

10. AC

【解析】企业应建立实时监控预警系统，对危险源的安全状况进行实时监控，严密监视可能使危险源的安全状态向隐患和事故状态转化的各种参数的变化趋势，及时发出预警信息，将事故消灭在萌芽状态。

### 三、判断题

1. 错误

【解析】风险辨识应鼓励全员参与，确保辨识全面。

2. 正确

【解析】按照能量的来源对爆炸进行分类，可分为物理爆炸、化学爆炸和核爆炸。

3. 错误

【解析】根据《中华人民共和国安全生产法》第四十条的规定，生产经营单位应当按照国家有关规定将本单位重大危险源及有关安全措施、应急措施报有关地方人民政府应急管理部门和有关部门备案。

4. 错误

【解析】重大事故隐患与重大危险源意义不同，管理要求也不相同。

5. 正确

【解析】根据《关于加强精细化工反应安全风险评估工作的指导意见》（安监总管三〔2017〕1号）的规定，强化精细化工反应安全风险评估结果运用，完善风险管控措施。涉及的反应工艺危险度被确定为2级及以上的，要根据危险度等级和评估建议，设置相应的安全设施和安全仪表系统。

6. 错误

【解析】根据《火灾分类》（GB/T 4968—2008）第2条的规定，D类火灾是指金属火灾。

7. 正确

【解析】压力分两级报警主要是为防止人员未及时关注报警，提高报警的识别率；低于安全阀的设定值，目的是先进行人为干预，尽量减少或避免安全阀起跳。

8. 正确

【解析】危害因素包括人的不安全行为、物的不安全状态、环境和管理缺陷等，它们都是可能导致事故发生的根源。

9. 错误

【解析】根据《石油化工安全仪表系统设计规范》（GB 50770—2013）第10.2.5条的规定，紧急停车按钮应采用红色，旁路开关宜采用黄色，确认按钮宜采用黑色，试验按钮宜采用白色。

10. 错误

【解析】配备检测设备种类需要根据危险化学品的特性具体考虑确定。

# 第二章 重大危险源安全生产管理

## 第一节 法律法规管理要求

### 习 题

**一、单项选择题**

1. 下列关于重大危险源场所安全设备设施管理要求的表述,错误的是( )。

   A. 生产经营单位必须对安全设备进行经常性维护、保养,并定期检测,保证正常运转

   B. 生产经营单位不得关闭、破坏直接关系生产安全的监控设备

   C. 篡改、隐瞒、销毁直接关系生产安全的相关数据、信息的生产经营单位,如果未发生安全事故,可不承担法律责任

   D. 关闭、破坏直接关系生产安全的防护设施,情节严重的,责令停产停业整顿

2. 下列关于危险化学品重大危险源仓库管理要求的表述,错误的是( )。

   A. 危险化学品的储存方式、方法应当符合国家标准或者国家有关规定

   B. 剧毒化学品仓库内必须设置消火栓

   C. 危险化学品的储存数量应当符合国家标准或者国家有关规定

   D. 剧毒化学品及储存数量构成重大危险源的其他危险化学品,应当在专

用仓库内单独存放

3. 根据《关于全面加强危险化学品安全生产工作的意见》，涉及"两重点一重大"的危险化学品建设项目由（　　）以上政府相关部门联合建立安全风险防控机制。

　　A. 县级　　　　　　　　　B. 设区的市级

　　C. 园区级　　　　　　　　D. 省级

4. 危险化学品单位应该加强重大危险源动态评估管理，重大危险源安全评估已满（　　）的，应当重新辨识评估。

　　A. 1年　　　B. 2年　　　C. 3年　　　D. 4年

5. 危险化学品单位新建、改建和扩建危险化学品建设项目，应当在（　　）完成重大危险源辨识、安全评估和分级、登记建档工作。

　　A. 建设项目竣工验收前　　　B. 建设项目竣工验收后

　　C. 安全评价前　　　　　　　D. 安全评估后

6. 下列关于危险化学品单位重大危险源备案要求的表述，错误的是（　　）。

　　A. 在完成重大危险源安全评估报告后15日内备案

　　B. 在完成重大危险源安全评价报告20日内备案

　　C. 应当填写重大危险源备案申请表

　　D. 报送所在地县级人民政府应急管理部门备案

7. 重大危险源经过安全评价或者安全评估不再构成重大危险源的，危险化学品单位应当向所在地县级人民政府应急管理部门申请（　　）。

　　A. 核销　　　B. 评估　　　C. 重新分级　　　D. 重新辨识

8. 下列关于重大危险源安全管理要求的表述，不正确的是（　　）。

　　A. 重大危险源发生事故后，若引发多米诺效应，会扩大事故的后果

　　B. 危险化学品企业应该定期对重大危险源生产、储存设施开展危险与可操作性分析（HAZOP）

　　C. 危险化学品单位应当对重大危险源可能发生的事故后果和应急措施等信息进行保密管理，不可告知可能受影响的单位、区域及人员

　　D. 危险化学品单位应该履行重大危险源安全管理的主体责任

9. 下列做法不符合重大危险源安全管理要求的是（　　）。

　　A. 某企业将保证安全生产投入的职责列为主要负责人的安全生产职责

　　B. 某企业 2018 年 1 月开展了重大危险源安全评估并备案，下一次评估时间为 2021 年 1 月

　　C. 某企业计划将 1 000 m³ 汽油罐区扩建至 100 000 m³，对重大危险源储存单元重新进行安全评估

　　D. 某企业安全监测监控记录的电子数据的保存时间为 45 天

10. 《危险化学品企业重大危险源安全包保责任制办法（试行）》规定重大危险源包保主要负责人，应当由危险化学品企业的（　　）担任。

　　A. 分管负责人　　　　　　B. 主要负责人

　　C. 车间主任　　　　　　　D. 安全总监

11. 某化工公司进行受限空间作业施工，李某作为项目经理违反安全管理规定安排工人作业，造成 2 名工人死亡，根据《中华人民共和国刑法》及相关司法解释，李某的行为涉嫌构成（　　）。

　　A. 重大责任事故罪　　　　B. 一般责任事故罪

　　C. 强令违章冒险作业罪　　D. 重大劳动安全事故罪

12. 某化工公司因安全设施不符合国家规定，造成 2 名工人在进行管道维修作业时死亡。根据《中华人民共和国刑法》及相关司法解释，下列关于犯罪主体及其罪名的表述，正确的是（　　）。

　　A. 化工公司直接责任人员涉嫌构成重大责任事故罪

　　B. 化工公司负责人涉嫌构成强令违章冒险作业罪

　　C. 化工公司安全管理人员涉嫌构成重大责任事故罪

　　D. 化工公司直接负责的主管人员涉嫌构成重大劳动安全事故罪

13. 重大责任事故罪中"重大伤亡事故"的含义是指（　　）。

　　A. 造成死亡 3 人以上，或者重伤 5 人以上

　　B. 造成死亡 1 人以上，或者重伤 3 人以上，或者造成直接经济损失 100 万元以上

　　C. 造成死亡 1 人以上，或者重伤 3 人以上，或者造成直接经济损失 500

万元以上

D. 重伤 10 人以上

14. 重大劳动安全事故罪中"情节特别恶劣"的含义是指（　　）。

　　A. 造成死亡 3 人以上，或者重伤 10 人以上，或者造成直接经济损失 500 万元以上

　　B. 重伤 3 人以上

　　C. 造成直接经济损失 100 万元以上

　　D. 造成死亡 1 人以上，或者重伤 3 人以上，或者造成直接经济损失 100 万元以上

15. 关闭、破坏直接关系生产安全的监控、报警、防护、救生设备、设施，具有发生重大伤亡事故或者其他严重后果的现实危险的行为构成（　　）。

　　A. 重大责任事故罪　　　　B. 重大劳动安全事故罪
　　C. 不报谎报事故罪　　　　D. 危险作业罪

16. 下列关于危险化学品单位重大危险源管理的表述，错误的是（　　）。

　　A. 未登记建档的，责令限期改正，处 20 万元以下的罚款

　　B. 未制定预案的，责令限期改正，处 10 万元以下的罚款

　　C. 未将应急措施告知从业人员的，责令限期改正，逾期未改正的，责令停产停业整顿，并处 10 万元以上 20 万元以下的罚款

　　D. 未定期检测的，责令限期改正，逾期未改正的，责令停产停业整顿，并处 10 万元以上 20 万元以下的罚款

17. 根据《中华人民共和国安全生产法》的规定，国家对严重危及生产安全的工艺、设备实施（　　）制度。

　　A. 审批　　　B. 登记　　　C. 淘汰　　　D. 监管

18. 根据《危险化学品重大危险源监督管理暂行规定》，重大危险源的安全监督管理实行（　　）的原则。

　　A. 分级管理

　　B. 属地监管

　　C. 属地监管与分级管理相结合

D. 以上说法均不正确

19. 用于生产、储存、装卸危险物品的建设项目竣工投入生产或者使用前，应当由（　　）负责组织对安全设施进行验收；验收合格后，方可投入生产和使用。

　　A. 建设单位　　　　　　　　B. 施工单位

　　C. 政府有关部门　　　　　　D. 应急管理部门

20. 危险化学品生产单位主要负责人和安全生产管理人员，应当由主管的负有安全生产监督管理职责的部门对其（　　）考核合格。

　　A. 安全操作能力　　　　　　B. 急救能力

　　C. 管理能力　　　　　　　　D. 安全生产知识和管理能力

21. 根据《中华人民共和国安全生产法》，下列关于生产经营单位从业人员安全生产权利和义务的表述，错误的是（　　）。

　　A. 从业人员有权了解其作业场所和工作岗位存在的危险因素、防范措施及事故应急措施

　　B. 从业人员拒绝违章指挥造成损失的，应承担法律责任

　　C. 从业人员有权对本单位安全生产工作中存在的问题提出批评、检举、控告

　　D. 从业人员发现直接危及人身安全的紧急情况时，有权停止作业

22. 张某是某化工厂的法定代表人，该公司安全设备已经超过使用期限，因更换成本过高，张某不同意更换该设备，后因该设备故障发生生产安全事故，造成3人死亡。根据《中华人民共和国安全生产法》，下列关于张某职责及事故责任的表述，错误的是（　　）。

　　A. 张某未履行保证本单位必要的安全生产投入的职责

　　B. 张某未履行及时消除生产安全事故隐患的职责

　　C. 张某应当承担行政责任和刑事责任

　　D. 张某终身不得担任任何生产经营单位的主要负责人

23. 下列关于安全生产管理人员法定职责的表述，正确的是（　　）。

　　A. 建立健全并落实本单位全员安全生产责任制

B. 组织建立并落实安全风险分级管控和隐患排查治理双重预防工作机制

C. 组织制定并实施本单位的生产安全事故应急救援预案

D. 组织开展危险源辨识和评估，督促落实本单位重大危险源的安全管理措施

24. 某化工企业注册安全工程师配备比例不符合法定要求，被主管部门责令改正并处以罚款，该企业拒不改正，针对以上违法行为合法的行政处罚是（  ）。

A. 自作出责令改正之日起，按照原处罚数额按日连续处罚

B. 自作出责令改正之日的次日起，按照原处罚数额按日连续处罚

C. 关闭

D. 限期改正

25. 危险化学品单位应该加强重大危险源动态评估管理。下列不属于对重大危险源进行重新辨识评估情形的是（  ）。

A. 有关重大危险源辨识和安全评估的国家标准、行业标准发生变化的

B. 危险化学品种类、数量发生任何变化的

C. 构成重大危险源的装置进行新建的

D. 外界生产安全环境因素发生变化，影响重大危险源级别和风险程度的

26. 重大危险源经过安全评价或者安全评估不再构成重大危险源的，危险化学品单位应当向所在地县级人民政府应急管理部门申请核销。下列选项中不属于重大危险源核销提交文件资料范围的是（  ）。

A. 载明核销理由的申请书　　B. 联系人

C. 安全评价报告　　　　　　D. 企业重大危险源包保责任制

27. 某化工企业发生火灾，为保护设备不受损害，总工程师刘某强令作业人员冒险进入火场抢救，结果造成 5 人死亡。根据《中华人民共和国刑法》有关规定，刘某的违法情节属特别恶劣，刘某应当被判处的刑罚是（  ）。

A. 3 年以下有期徒刑

B. 5 年以下有期徒刑

C. 3 年以上 5 年以下有期徒刑

D. 5 年以上有期徒刑

28. 下列对重大危险源企业存在事故隐患的行政处罚，错误的是（　　）。

　　A. 应当责令立即排除

　　B. 重大事故隐患排除前无法保证安全的，应当责令从危险区域内撤出作业人员

　　C. 重大事故隐患排除过程中无法保证安全的，应当责令从危险区域内撤出作业人员

　　D. 重大事故隐患排除后即可恢复生产经营

29. 根据《中华人民共和国安全生产法》，生产经营单位对重大危险源应当登记建档，进行定期检测、评估、监控，并制定（　　），告知从业人员和（　　）在紧急情况下应当采取的应急措施。

　　A. 安全措施，安全管理人员　　B. 安全措施，相关人员

　　C. 应急预案，安全管理人员　　D. 应急预案，相关人员

30. 下列关于危险化学品单位重大危险源管理要求的表述，错误的是（　　）。

　　A. 危险化学品单位应当对辨识确认的重大危险源及时、逐项进行登记建档

　　B. 重大危险源档案内容包括重大危险源基本特征表、涉及的所有化学品安全技术说明书等内容

　　C. 重大危险源经过安全评价不再构成重大危险源的，危险化学品单位应当向所在地县级人民政府应急管理部门申请核销

　　D. 构成重大危险源的装置、设施或者场所进行新建、改建、扩建的，视具体情况决定是否需要重新辨识和评估

31. 危险化学品重大危险源登记建档是一项重要的安全管理工作，根据《危险化学品重大危险源监督管理暂行规定》，下列选项不属于危险化学品重大危险源档案资料的是（　　）。

　　A. 涉及的所有化学品安全标签

　　B. 重大危险源主要设备一览表

　　C. 重大危险源的基本特征表

D. 重大危险源场所安全警示标志设置情况

32. 某危险化学品生产企业因业务高速增长，通过多种渠道扩大员工规模，包括面向高校招收应届毕业生、面向社会招聘技术人员、使用被派遣劳动者、接收实习生等。根据《中华人民共和国安全生产法》，下列关于安全生产教育培训管理要求的表述，正确的是（　　）。

　　A. 该企业接收的实习生，由学校负责进行相应的安全生产教育培训，企业应当协助学校按规定开展教育培训

　　B. 该企业对被派遣劳动者与本企业从业人员统一实施安全教育培训，并保证相同岗位的考核标准一致

　　C. 该企业面向社会招聘的技术人员，具有同类工作经验的，上岗前可不要求进行安全教育培训

　　D. 该企业对新入厂的各类人员，必须按照统一的时间、内容和考核标准，经过安全生产教育培训后，方可上岗

33. 某危险化学品生产企业上一年度实际营业收入为5 000万元，本年度该企业应该计提（　　）万元安全生产费用。

　　A. 80　　　　　B. 100　　　　　C. 120　　　　　D. 160

34. 根据《危险化学品输送管道安全管理规定》，某企业计划建设一条氯气输送管道，下列关于该管道敷设禁止穿越的表述，正确的是（　　）。

　　A. 禁止穿越市区广场

　　B. 禁止穿越可能发生地震的区域

　　C. 禁止穿越可能发生洪水的区域

　　D. 禁止穿越沙漠、沙丘等区域

## 二、多项选择题

1. 根据《中华人民共和国安全生产法》和《危险化学品重大危险源监督管理暂行规定》，下列关于生产经营单位重大危险源安全管理要求的表述，正确的是（　　）。

　　A. 应对一级或二级重大危险源装备紧急停车系统

B. 危险化学品单位需要进行安全评价的，重大危险源安全评估可以与本单位的安全评价一起进行，以安全评价报告代替安全评估报告

C. 对重大危险源现场处置方案，应当每年组织一次事故应急演练并记录在档

D. 应当告知有关人员在紧急情况下采取的应急措施

2. 生产经营单位应当按照国家有关规定将本单位重大危险源信息备案，下列关于备案的表述，正确的是（　　）。

A. 报有关地方人民政府应急管理部门和有关部门备案

B. 将重大危险源有关安全措施进行备案

C. 报市级以上人民政府应急管理部门备案

D. 将重大危险源有关应急措施进行备案

3. 下列关于生产经营单位重大危险源管理要求的表述，正确的是（　　）。

A. 生产经营单位对重大危险源应当登记建档

B. 生产经营单位对重大危险源应当定期检测

C. 生产经营单位对本单位重大危险源未制定应急预案的，责令限期改正，处 20 万元以下的罚款

D. 生产经营单位对本单位重大危险源未进行定期检测、评估的，责令限期改正，处 10 万元以下的罚款

4. 剧毒化学品及储存数量构成重大危险源的其他危险化学品的仓库管理要符合国家有关法律法规规定，并根据国家有关法律法规要求进行备案。备案的内容包括（　　）。

A. 安全措施　　B. 储存数量　　C. 储存地点　　D. 管理人员的情况

5. 危险化学品单位应当根据构成重大危险源的危险化学品（　　）或者相关设备、设施等实际情况，按照要求建立健全安全监测监控体系，完善控制措施。

A. 种类　　B. 数量　　C. 生产工艺　　D. 使用工艺

6. 下列属于重大危险源安全评估报告内容的是（　　）。

A. 可能受事故影响的周边场所、人员情况

B. 重大危险源辨识、分级的符合性分析

C. 安全管理措施、安全技术和监控措施

D. 企业从业人员学历水平

7. 危险化学品单位新建、改建和扩建危险化学品建设项目，应当在建设项目竣工验收前完成重大危险源的（　　）工作，并向所在地县级人民政府应急管理部门备案。

A. 辨识　　　B. 安全评估　　　C. 分级　　　D. 登记建档

8. 危险化学品企业应当建立重大危险源主要负责人、技术负责人、操作负责人的安全包保履职记录，做到（　　）。

A. 可评估　　　B. 可评价　　　C. 可查询　　　D. 可追溯

9. 下列关于重大危险源场所安全设备设施维护、保养管理要求的表述，正确的是（　　）。

A. 生产经营单位必须对安全设备进行经常性维护、保养，并定期检测

B. 生产经营单位必须保证安全设备设施的正常运转

C. 对关闭、破坏直接关系生产安全的监控、报警、防护、救生设备、设施的生产经营单位，应当追究其法律责任

D. 生产经营单位对安全设备设施的维护、保养、检测应当作好记录，并由有关人员签字

10. 《关于全面加强危险化学品安全生产工作的意见》中指出，对全国危险化学品重大危险源全面实行（　　）。

A. 安全包保　　　　　　　　B. 联网监测预警

C. 每年2次全覆盖督导检查　　D. 安全生产责任保险

E. 安全审计

三、判断题

1. 企业应对重大危险源中的毒性气体、剧毒液体和易燃气体等重点设施，设置紧急切断装置；对毒性气体的设施，设置泄漏物紧急处置装置。（　　）

2. 危险化学品单位应当按照《危险化学品重大危险源辨识》（GB 18218—

2018），对本单位的危险化学品生产、经营、储存和使用装置、设施或者场所进行重大危险源辨识，并记录辨识过程与结果。（   ）

3. 危险化学品企业应当在重大危险源安全警示标志位置设立公示牌，写明重大危险源的主要负责人、技术负责人、操作负责人姓名，对应的安全包保职责及联系方式，接受员工监督。（   ）

4. 《危险化学品企业重大危险源安全包保责任制办法（试行）》适用于取得应急管理部门许可的涉及危险化学品重大危险源的危险化学品生产企业、经营（带储存）企业、使用危险化学品从事生产的化工企业，不含无生产实体的集团公司总部。（   ）

5. 安全费用按照"企业提取、政府监管、确保需要、规范使用"的原则进行管理。（   ）

6. 根据《中华人民共和国刑法》，强令他人违章冒险作业或者明知存在重大事故隐患而不排除，仍冒险组织作业，发生重大伤亡事故或者造成其他严重后果的，处5年以上有期徒刑或者拘役。（   ）

7. 根据《中华人民共和国刑法》，涉及安全生产的事项未经依法批准或者许可，擅自从事危险物品生产、经营、储存等高度危险的生产作业活动，具有发生重大伤亡事故或者其他严重后果的现实危险的行为，处3年以下有期徒刑、拘役或者管制。（   ）

8. 危险化学品单位发生危险化学品事故造成人员死亡，或者10人以上受伤，或者影响到公共安全的，应当对重大危险源重新进行辨识评估。（   ）

9. 《全国安全生产专项整治三年行动计划》要求开展危险化学品安全整治，2023年年底前涉及重大危险源的危险化学品企业完成安全风险分级管控和隐患排查治理体系建设。（   ）

# 参考答案及解析

## 一、单项选择题

1. C

【解析】根据《中华人民共和国安全生产法》第三十六条、第九十九条的规定,生产经营单位必须对安全设备进行经常性维护、保养,并定期检测,保证正常运转。生产经营单位不得关闭、破坏直接关系生产安全的监控、报警、防护、救生设备、设施,或者篡改、隐瞒、销毁其相关数据、信息。未对安全设备进行经常性维护、保养和定期检测的,或者关闭、破坏直接关系生产安全的监控、报警、防护、救生设备、设施,或者篡改、隐瞒、销毁其相关数据、信息的生产经营单位,责令限期改正,处 5 万元以下的罚款;逾期未改正的,处 5 万元以上 20 万元以下的罚款,对其直接负责的主管人员和其他直接责任人员处 1 万元以上 2 万元以下的罚款;情节严重的,责令停产停业整顿;构成犯罪的,依照刑法有关规定追究刑事责任。

2. B

【解析】危险化学品仓库内设置何种消防设施需根据化学品特性确定。

3. B

【解析】根据《关于全面加强危险化学品安全生产工作的意见》的规定,涉及"两重点一重大"的危险化学品建设项目由设区的市级以上政府相关部门联合建立安全风险防控机制。

4. C

【解析】根据《危险化学品重大危险源监督管理暂行规定》第十一条的规定,重大危险源安全评估已满 3 年的,危险化学品单位应当对重大危险源重新进行辨识、安全评估及分级。

5. A

【解析】根据《危险化学品重大危险源监督管理暂行规定》第二十四条的规

定,危险化学品单位新建、改建和扩建危险化学品建设项目,应当在建设项目竣工验收前完成重大危险源的辨识、安全评估和分级、登记建档工作,并向所在地县级人民政府安全生产监督管理部门备案。

6. B

【解析】根据《危险化学品重大危险源监督管理暂行规定》第二十三条的规定,危险化学品单位在完成重大危险源安全评估报告或者安全评价报告后 15 日内,应当填写重大危险源备案申请表,连同规定的重大危险源档案材料,报送所在地县级人民政府安全生产监督管理部门备案。

7. A

【解析】根据《危险化学品重大危险源监督管理暂行规定》第二十七条的规定,重大危险源经过安全评价或者安全评估不再构成重大危险源的,危险化学品单位应当向所在地县级人民政府安全生产监督管理部门申请核销。

8. C

【解析】根据《危险化学品重大危险源监督管理暂行规定》第十九条的要求,危险化学品单位应当将重大危险源可能发生的事故后果和应急措施等信息,以适当方式告知可能受影响的单位、区域及人员。

9. B

【解析】《危险化学品重大危险源辨识》(GB 18218—2018)自 2019 年 3 月 1 日开始实施,企业应按照新标准及时对重大危险源及时进行重新评估。

10. B

【解析】根据《危险化学品企业重大危险源安全包保责任制办法(试行)》第十五条的规定,重大危险源的主要负责人应当由危险化学品企业的主要负责人担任。

11. A

【解析】根据《中华人民共和国刑法》第一百三十四条的规定,重大责任事故罪是指在生产、作业中违反有关安全管理的规定,因而发生重大伤亡事故或者造成其他严重后果的,处 3 年以下有期徒刑或者拘役,情节特别恶劣的,处 3 年以上 7 年以下有期徒刑。

12. D

【解析】根据《中华人民共和国刑法》第一百三十五条的规定，重大劳动安全事故罪是指安全生产设施或者安全生产条件不符合国家规定，发生重大伤亡事故或者造成其他严重后果的，直接负责的主管人员和其他直接责任人员处3年以下有期徒刑或者拘役，情节特别恶劣的，处3年以上7年以下有期徒刑。

13. B

【解析】根据《最高人民法院 最高人民检察院关于办理危害生产安全刑事案件适用法律若干问题的解释》的规定，重大责任事故罪中"重大伤亡事故"的含义是指造成死亡1人以上，或者重伤3人以上，或者造成直接经济损失100万元以上。

14. A

【解析】根据《最高人民法院 最高人民检察院关于办理危害生产安全刑事案件适用法律若干问题的解释》的规定，重大劳动安全事故罪中"情节特别恶劣"的含义是指造成死亡3人以上，或者重伤10人以上，或者造成直接经济损失500万元以上。

15. D

【解析】根据《中华人民共和国刑法》第一百三十四条之一的规定，关闭、破坏直接关系生产安全的监控、报警、防护、救生设备、设施，或者篡改、隐瞒、销毁其相关数据、信息的，具有发生重大伤亡事故或者其他严重后果的现实危险的行为构成危险作业罪，处1年以下有期徒刑、拘役或者管制。

16. A

【解析】根据《中华人民共和国安全生产法》第一百零一条的规定，生产经营单位对本单位重大危险源未登记建档，未进行定期检测、评估、监控，未制定应急预案，或者未告知应急措施的，责令限期改正，处10万元以下的罚款；逾期未改正的，责令停产停业整顿，并处10万元以上20万元以下的罚款，对其直接负责的主管人员和其他直接责任人员处2万元以上5万元以下的罚款；构成犯罪的，依照刑法有关规定追究刑事责任。

17. C

【解析】根据《中华人民共和国安全生产法》第三十八条的规定，国家对严重危及生产安全的工艺、设备实施淘汰制度。生产经营单位不得使用应当淘汰的危及生产安全的工艺、设备。

18. C

【解析】根据《危险化学品重大危险源监督管理暂行规定》第五条的规定，重大危险源的安全监督管理实行属地监管与分级管理相结合的原则。

19. A

【解析】根据《中华人民共和国安全生产法》第三十四条的规定，矿山、金属冶炼建设项目和用于生产、储存、装卸危险物品的建设项目竣工投入生产或者使用前，应当由建设单位负责组织对安全设施进行验收；验收合格后，方可投入生产和使用。

20. D

【解析】根据《中华人民共和国安全生产法》第二十七条的规定，危险物品的生产、经营、储存、装卸单位的主要负责人和安全生产管理人员，应当由主管的负有安全生产监督管理职责的部门对其安全生产知识和管理能力考核合格。

21. B

【解析】根据《中华人民共和国安全生产法》第五十四条的规定，从业人员有权对本单位安全生产工作中存在的问题提出批评、检举、控告；有权拒绝违章指挥和强令冒险作业。

22. D

【解析】根据《中华人民共和国安全生产法》第二十一条的规定，保证本单位安全生产投入的有效实施；组织建立并落实安全风险分级管控和隐患排查治理双重预防工作机制，督促、检查本单位的安全生产工作，及时消除生产安全事故隐患，属于生产经营单位主要负责人的安全生产管理职责。

同时第九十四条规定，生产经营单位的主要负责人未履行该法规定的安全生产管理职责的，责令限期改正，处 2 万元以上 5 万元以下的罚款；逾期未改正的，处 5 万元以上 10 万元以下的罚款，责令生产经营单位停产停业整顿。

生产经营单位的主要负责人有前款违法行为，导致发生生产安全事故的，给予撤职处分；构成犯罪的，依照刑法有关规定追究刑事责任。

生产经营单位的主要负责人依照前款规定受刑事处罚或者撤职处分的，自刑罚执行完毕或者受处分之日起，5年内不得担任任何生产经营单位的主要负责人；对重大、特别重大生产安全事故负有责任的，终身不得担任本行业生产经营单位的主要负责人。

23. D

【解析】根据《中华人民共和国安全生产法》第二十五条的规定，生产经营单位的安全生产管理机构以及安全生产管理人员履行下列职责：

（1）组织或者参与拟订本单位安全生产规章制度、操作规程和生产安全事故应急救援预案。

（2）组织或者参与本单位安全生产教育和培训，如实记录安全生产教育和培训情况。

（3）组织开展危险源辨识和评估，督促落实本单位重大危险源的安全管理措施。

（4）组织或者参与本单位应急救援演练。

（5）检查本单位的安全生产状况，及时排查生产安全事故隐患，提出改进安全生产管理的建议。

（6）制止和纠正违章指挥、强令冒险作业、违反操作规程的行为。

（7）督促落实本单位安全生产整改措施。

24. B

【解析】根据《中华人民共和国安全生产法》第一百一十二条的规定，生产经营单位违反该法规定，被责令改正且受到罚款处罚，拒不改正的，负有安全生产监督管理职责的部门可以自作出责令改正之日的次日起，按照原处罚数额按日连续处罚。

25. B

【解析】根据《危险化学品重大危险源监督管理暂行规定》第十一条的规定，有下列情形之一的，危险化学品单位应当对重大危险源重新进行辨识、安全评估：

（1）重大危险源安全评估已满 3 年的。

（2）构成重大危险源的装置、设施或者场所进行新建、改建、扩建的。

（3）危险化学品种类、数量、生产、使用工艺或者储存方式及重要设备、设施等发生变化，影响重大危险源级别或者风险程度的。

（4）外界生产安全环境因素发生变化，影响重大危险源级别和风险程度的。

（5）发生危险化学品事故造成人员死亡，或者 10 人以上受伤，或者影响到公共安全的。

（6）有关重大危险源辨识和安全评估的国家标准、行业标准发生变化的。

26. D

【解析】根据《危险化学品重大危险源监督管理暂行规定》第二十七条的规定，重大危险源经过安全评价或者安全评估不再构成重大危险源的，危险化学品单位应当向所在地县级人民政府安全生产监督管理部门申请核销。申请核销重大危险源应当提交下列文件、资料：

（1）载明核销理由的申请书。

（2）单位名称、法定代表人、住所、联系人、联系方式。

（3）安全评价报告或者安全评估报告。

27. D

【解析】根据《中华人民共和国刑法》第一百三十四条规定，强令违章冒险作业罪是指强令他人违章冒险作业或者明知存在重大事故隐患而不排除，仍冒险组织作业，发生重大伤亡事故或者造成其他严重后果的，处 5 年以下有期徒刑或者拘役；情节特别恶劣的，处 5 年以上有期徒刑。

28. D

【解析】根据《危险化学品重大危险源监督管理暂行规定》第三十条的规定，安全生产监督管理部门在监督检查中发现重大危险源存在事故隐患的，应当责令立即排除；重大事故隐患排除前或者排除过程中无法保证安全的，应当责令从危险区域内撤出作业人员，责令暂时停产停业或者停止使用；重大事故隐患排除后，经安全生产监督管理部门审查同意，方可恢复生产经营和使用。

29. D

【解析】根据《中华人民共和国安全生产法》第四十条的规定，生产经营单位对重大危险源应当登记建档，进行定期检测、评估、监控，并制定应急预案，告知从业人员和相关人员在紧急情况下应当采取的应急措施。

30. D

【解析】根据《危险化学品重大危险源监督管理暂行规定》第二十二条的规定，危险化学品单位应当对辨识确认的重大危险源及时、逐项进行登记建档。

重大危险源档案应当包括辨识、分级记录，重大危险源基本特征表，涉及的所有化学品安全技术说明书，区域位置图、平面布置图、工艺流程图和主要设备一览表等文件、资料等。

重大危险源经过安全评价或者安全评估不再构成重大危险源的，危险化学品单位应当向所在地县级人民政府安全生产监督管理部门申请核销。

31. A

【解析】根据《危险化学品重大危险源监督管理暂行规定》第二十二条的规定，重大危险源档案应当包括下列文件、资料：

（1）辨识、分级记录。

（2）重大危险源基本特征表。

（3）涉及的所有化学品安全技术说明书。

（4）区域位置图、平面布置图、工艺流程图和主要设备一览表。

（5）重大危险源安全管理规章制度及安全操作规程。

（6）安全监测监控系统、措施说明、检测、检验结果。

（7）重大危险源事故应急预案、评审意见、演练计划和评估报告。

（8）安全评估报告或者安全评价报告。

（9）重大危险源关键装置、重点部位的责任人、责任机构名称。

（10）重大危险源场所安全警示标志的设置情况。

（11）其他文件、资料。

32. B

【解析】根据《中华人民共和国安全生产法》第二十八条的规定，生产经营单位应当对从业人员进行安全生产教育和培训，保证从业人员具备必要的安全生产知识，熟悉有关的安全生产规章制度和安全操作规程，掌握本岗位的安全操作技能。未经安全生产教育和培训合格的从业人员，不得上岗作业。生产经营单位使用被派遣劳动者的，应当将被派遣劳动者纳入本单位从业人员统一管理，对被派遣劳动者进行岗位安全操作规程和安全操作技能的教育和培训。生产经营单位接收中等职业学校、高等学校学生实习的，应当对实习学生进行相应的安全生产教育和培训，提供必要的劳动防护用品。学校应当协助生产经营单位对实习学生进行安全生产教育和培训。

33. C

【解析】根据《企业安全生产费用提取和使用管理办法》第八条的规定，危险品生产与储存企业以上年度实际营业收入为计提依据，采取超额累退方式按照以下标准平均逐月提取：

（1）营业收入不超过1 000万元的，按照4%提取。

（2）营业收入超过1 000万元至1亿元的部分，按照2%提取。

（3）营业收入超过1亿元至10亿元的部分，按照0.5%提取。

（4）营业收入超过10亿元的部分，按照0.2%提取。

34. A

【解析】根据《危险化学品输送管道安全管理规定》第七条的规定，禁止光气、氯气等剧毒气体化学品管道穿（跨）越公共区域。

## 二、多项选择题

1. ABD

【解析】根据《危险化学品重大危险源监督管理暂行规定》第八条和第十三条的规定，危险化学品单位需要进行安全评价的，重大危险源安全评估可以与本单位的安全评价一起进行，以安全评价报告代替安全评估报告，也可以单独进行重大危险源安全评估。对一级或者二级重大危险源应装备紧急停车系统。根据《生产安全事故应急预案管理办法》第三十三条的规定，对重大危险源现场处置方案，每半年至少进行一次演练。根据《中华人民共和国安全生产法》第四十条的规定，生产经营单位对重大危险源应当登记建档，进行定期检测、评估、监控，并制定应急预案,告知从业人员和相关人员在紧急情况下应当采取的应急措施。

2. ABD

【解析】根据《中华人民共和国安全生产法》第四十条的规定,生产经营单位应当按照国家有关规定将本单位重大危险源及有关安全措施、应急措施报有关地方人民政府应急管理部门和有关部门备案。

3. ABD

【解析】根据《中华人民共和国安全生产法》第四十条、第一百零一条的规定,生产经营单位对重大危险源应当登记建档,进行定期检测、评估、监控,并制定应急预案,告知从业人员和相关人员在紧急情况下应当采取的应急措施。

生产经营单位对本单位重大危险源未登记建档,未进行定期检测、评估、监控,未制定应急预案,或者未告知应急措施的,责令限期改正,处10万元以下的罚款;逾期未改正的,责令停产停业整顿,并处10万元以上20万元以下的罚款,对其直接负责的主管人员和其他直接责任人员处2万元以上5万元以下的罚款;构成犯罪的,依照刑法有关规定追究刑事责任。

4. BCD

【解析】根据《危险化学品安全管理条例》第二十五条的规定,对剧毒化学品及储存数量构成重大危险源的其他危险化学品,储存单位应当将其储存数量、储存地点以及管理人员的情况,报所在地县级人民政府安全生产监督管理部门和公安机关备案。

5. ABCD

【解析】根据《危险化学品重大危险源监督管理暂行规定》第十三条的规定,危险化学品单位应当根据构成重大危险源的危险化学品种类、数量、生产工艺、使用工艺(方式)或者相关设备、设施等实际情况,按照要求建立健全安全监测监控体系,完善控制措施。

6. ABC

【解析】根据《危险化学品重大危险源监督管理暂行规定》第十条的规定,重大危险源安全评估报告应当客观公正、数据准确、内容完整、结论明确、措施可行,并包括下列内容:可能受事故影响的周边场所、人员情况,重大危险源辨识、分级的符合性分析，安全管理措施、安全技术和监控措施，事故应急措施，评估结论与建议。

7. ABCD

【解析】根据《危险化学品重大危险源监督管理暂行规定》第二十四条的规定，危险化学品单位新建、改建和扩建危险化学品建设项目，应当在建设项目竣工验收前完成重大危险源的辨识、安全评估和分级、登记建档工作，并向所在地县级人民政府安全生产监督管理部门备案。

8. CD

【解析】根据《危险化学品企业重大危险源安全包保责任制办法（试行）》第九条的规定，危险化学品企业应当建立重大危险源主要负责人、技术负责人、操作负责人的安全包保履职记录，做到可查询、可追溯，企业的安全管理机构应当对包保责任人履职情况进行评估，纳入企业安全生产责任制考核与绩效管理。

9. ABCD

【解析】根据《中华人民共和国安全生产法》第三十六条、第九十九条的规定，生产经营单位必须对安全设备进行经常性维护、保养，并定期检测，保证正常运转。维护、保养、检测应当作好记录，并由有关人员签字。对未对安全设备进行经常性维护、保养和定期检测的，或者关闭、破坏直接关系生产安全的监控、报警、防护、救生设备、设施，或者篡改、隐瞒、销毁其相关数据、信息的生产经营单位，责令限期改正，处 5 万元以下的罚款；逾期未改正的，处 5 万元以上 20 万元以下的罚款，对其直接负责的主管人员和其他直接责任人员处 1 万元以上 2 万元以下的罚款；情节严重的，责令停产停业整顿；构成犯罪的，依照刑法有关规定追究刑事责任。

10. ABC

【解析】根据《关于全面加强危险化学品安全生产工作的意见》的规定，对全国危险化学品重大危险源全面实行安全包保、联网监测预警和每年 2 次全覆盖督导检查。

## 三、判断题

1. 正确

【解析】根据《危险化学品重大危险源监督管理暂行规定》第十三条的规定，对重大危险源中的毒性气体、剧毒液体和易燃气体等重点设施，设置紧急切断装置；对毒性气体的设施，设置泄漏物紧急处置装置。

2. 正确

【解析】根据《危险化学品重大危险源监督管理暂行规定》第七条的规定，危险化学品单位应当按照《危险化学品重大危险源辨识》（GB 18218—2018），对本单位的危险化学品生产、经营、储存和使用装置、设施或者场所进行重大危险源辨识，并记录辨识过程与结果。

3. 正确

【解析】根据《危险化学品企业重大危险源安全包保责任制办法（试行）》第七条的规定，危险化学品企业应当在重大危险源安全警示标志位置设立公示牌，写明重大危险源的主要负责人、技术负责人、操作负责人姓名，对应的安全包保职责及联系方式，接受员工监督。

4. 正确

【解析】根据《危险化学品企业重大危险源安全包保责任制办法（试行）》第二条的规定，该办法适用于取得应急管理部门许可的涉及危险化学品重大危险源的危险化学品生产企业、经营（带储存）企业、使用危险化学品从事生产的化工企业，不含无生产实体的集团公司总部。

5. 正确

【解析】根据《企业安全生产费用提取和使用管理办法》第三条的规定，安全费用按照"企业提取、政府监管、确保需要、规范使用"的原则进行管理。

6. 错误

【解析】根据《中华人民共和国刑法》第一百三十四条的规定，强令、组织他人违章冒险作业罪是指强令他人违章冒险作业或者明知存在重大事故隐患而不排除，仍冒险组织作业，发生重大伤亡事故或者造成其他严重后果的，处5年以下有期徒刑或者拘役；情节特别恶劣的，处 5 年以上有期徒刑。

7. 错误

【解析】根据《中华人民共和国刑法》第一百三十四条之一的规定，危险作业罪是指在生产、作业中违反有关安全管理的规定，有下列情形之一，具有发生重大伤亡事故或者其他严重后果的现实危险的，处 1 年以下有期徒刑、拘役或者管制：

（1）关闭、破坏直接关系生产安全的监控、报警、防护、救生设备、设施，或者篡改、隐瞒、销毁其相关数据、信息的。

（2）因存在重大事故隐患被依法责令停产停业、停止施工、停止使用有关设备、设施、场所或者立即采取排除危险的整改措施，而拒不执行的。

（3）涉及安全生产的事项未经依法批准或者许可，擅自从事危险物品生产、经营、储存等高度危险的生产作业活动的。

8. 正确

【解析】根据《危险化学品重大危险源监督管理暂行规定》第十一条的规定，发生危险化学品事故造成人员死亡，或者 10 人以上受伤，或者影响到公共安全的，危险化学品单位应当对重大危险源重新进行辨识评估。

9. 错误

【解析】根据《全国安全生产专项整治三年行动计划》（安委〔2020〕3 号）的规定，2022 年年底前涉及重大危险源的危险化学品企业完成安全风险分级管控和隐患排查治理体系建设。

## 第二节　重大危险源包保责任人履责要求

## 习　题

**一、单项选择题**

1. 根据《危险化学品企业重大危险源安全包保责任制办法（试行）》，下列关于重大危险源企业的主要负责人对所包保的重大危险源负有安全职责的表述，错误的是（　　）。

   A. 组织建立重大危险源安全包保责任制，并指定对重大危险源负有安全包保责任的技术负责人、操作负责人

   B. 组织制定重大危险源安全生产规章制度和操作规程，并采取有效措施保证其得到执行

   C. 组织对重大危险源的管理和操作岗位人员进行安全技能培训

   D. 组织实施重大危险源安全监测监控体系建设，完善控制措施，保证安全监测监控系统符合国家标准或者行业标准的规定

2. 周某是某公司法定代表人。该公司发生爆炸事故，共造成10人死亡、15人重伤、直接经济损失6 000多万元。事故调查报告显示，该公司安全设备管理存在重大缺陷，需要时无法启动，造成本次事故的发生。法定代表人周某被依法追究刑事责任。根据《中华人民共和国安全生产法》，下列关于该起事故责任追究的表述，正确的是（　　）。

   A. 应当对周某处上一年年收入百分之六十的罚款

   B. 应当对该公司处1 000万元以上2 000万元以下的罚款

   C. 可以对周某和该公司同时给予罚款

   D. 周某终身不得担任任何生产经营单位的主要负责人

3. 张某是某危险化学品重大危险源企业的法定代表人。该公司一台乙烯球

罐已经超过使用期限,因更换成本过高,张某不同意更换该设备,后因该设备故障发生生产安全事故,造成3人死亡。根据《中华人民共和国安全生产法》,下列关于张某职责及事故责任的表述,错误的是( )。

  A. 张某未履行保证本单位必要的安全生产投入的职责

  B. 张某未履行及时消除生产安全事故隐患的职责

  C. 张某应当受到负有安全生产监督管理职责部门的行政处罚

  D. 张某5年内不得担任任何生产经营单位的主要负责人

4. 生产安全事故应急预案的及时修订是保证生产安全事故应急预案针对性、时效性的重要措施。根据《生产安全事故应急预案管理办法》,下列不属于应当及时修订生产安全事故应急预案的情形是( )。

  A. 安全生产风险发生重大变化的

  B. 重要应急资源发生重大变化的

  C. 企业安全管理人员发生变更的

  D. 在应急演练中发现重大问题的

5. 2021年12月,某危险化学品重大危险源企业因必要的安全投入不足导致生产安全事故,造成2人死亡、3人重伤。王某任该公司总经理,公司2020年、2021年的年收入分别为200万元、300万元。根据《中华人民共和国安全生产法》,应急管理部门对王某处以罚款的金额应当为( )万元。

  A. 80    B. 60    C. 90    D. 120

6. 某企业开会讨论员工安全培训工作。张某认为,安全培训走走形式就行了,别耽误生产;李某认为,培训的重点是安全规章制度和操作规程,不需要培训员工的安全生产权利;赵某认为,我没有经过培训照样上岗也没出事,培训无所谓;王某认为,培训内容应该与工作相关,培训考核不合格不能工作。根据《中华人民共和国安全生产法》,( )的说法是正确的。

  A. 张某    B. 李某    C. 赵某    D. 王某

7. 某地方国有独资企业主要从事危险化学品的生产及储存业务。由于长期亏损,该企业安全生产投入资金严重不足,化工生产装置失修,引发安全生产责任事故。根据安全生产管理的有关规定,该企业应承担安全生产资金投入不足责任的人员是（    ）。

    A. 生产经理    B. 财务总监    C. 安全总监    D. 主要负责人

8. 某公司在生产过程中存在压缩氧气、压缩空气、液氧和煤气等物料，该公司委托第三方安全事务所对其安全管理水平进行评估。下列物料中，均属于危险化学品的是（    ）。

    A. 压缩氧气和压缩空气    B. 液氧和煤气

    C. 压缩空气和煤气    D. 压缩空气和液氧

9. 某生产经营单位编制应急预案和重点岗位应急处置卡。下列关于应急处置卡的表述，正确的是（    ）。

    A. 应急处置卡应明确保障措施

    B. 应急处置卡应明确善后处理内容

    C. 应急处置卡应明确处置程序和措施

    D. 应急处置卡应明确国家法律规定要求

10. 根据《危险化学品重大危险源监督管理暂行规定》，下列关于危险化学品单位重大危险源安全管理的表述，正确的是（    ）。

    A. 一级重大危险源记录电子数据的保存时间，应当不少于 20 天

    B. 涉及剧毒气体的重大危险源，应当至少配备一套气密型化学防护服

    C. 重大危险源专项应急预案的演练，应当每 2 年至少进行一次

    D. 重大危险源中储存剧毒物质的场所或者设施应当设置视频监控系统

11. 刘某、赵某、黄某、张某 4 人合伙成立一家危险化学品生产企业。该公司董事长由最大的股东刘某担任，但刘某因生病长期休养，并不直接参与公司生产经营活动；公司总经理由赵某担任，全面负责生产经营活动；黄某担任生产车间主任，负责车间日常生产管理；张某担任公司工会主席。根据《中华人民共和国安全生产法》，应由（    ）负责督促、检查公司安全生产工作，及时消除安全生产事故隐患。

    A. 刘某    B. 赵某    C. 黄某    D. 张某

12. 某危险化学品生产企业为改善安全生产条件，制定了安全生产费用提取和使用管理制度。根据《中华人民共和国安全生产法》，下列关于该企业安全生

产费用提取和使用的表述，正确的是（　　）。

  A. 安全生产费用不可在成本中列支

  B. 该企业可使用安全生产费用提高安全生产管理人员待遇

  C. 该企业应当在成本中据实列支安全生产费用

  D. 该企业在发生亏损时可以停止提取安全生产费用

13. 危险化学品生产、储存企业以及使用剧毒化学品和数量构成重大危险源的其他危险化学品的单位，应当向（　　）负责危险化学品登记的机构办理危险化学品登记。

  A. 公安部门       B. 市场监督管理部门

  C. 生态环境保护部门    D. 应急管理部门

14. 根据《企业安全生产费用提取和使用管理办法》的规定，下列关于某股份制危险化学品生产企业关于安全生产费用的提取、使用、监督的表述，正确的是（　　）。

  A. 企业安全生产费用暂借原材料供应商，必须经企业董事会召开年度资金会议批准

  B. 企业提取的安全生产费用交由同级财政部门集中代管，便于监督

  C. 企业应建立安全生产费用管理制度，明确年度提取和使用程序，纳入企业财务预算

  D. 安全生产费用属于企业自提自用资金，该费用的提取、使用和管理不受应急管理部门监督检查

15. 保证必要的安全生产投入是实现安全生产的重要基础。某国有企业管理层由主要负责人张厂长、主管安全生产工作的李副厂长、主管经营工作的赵副厂长、工会主席叶主席和主管财务工作的刘部长等组成。该企业保证安全生产投入的人员应是（　　）。

  A. 张厂长   B. 李副厂长   C. 叶主席   D. 刘部长

16. 某化工公司为某跨国集团公司的子公司，集团公司董事长李某为集团公司和化工公司的法定代表人。李某长期在海外总部工作，不负责化工公司的日常工作，化工公司总经理张某自 2021 年 12 月起一直因病在医院接受治疗，张某生

病期间由副总经理王某全面主持化工公司的工作，副总经理赵某具体负责安全生产管理工作。2022年4月，该化工公司发生爆炸事故，造成5人死亡、12人受伤。根据《中华人民共和国安全生产法》，针对该起事故，应当以化工公司主要负责人身份被追究法律责任的是（　　）。

  A. 李某  B. 张某  C. 王某  D. 赵某

17. 根据《中华人民共和国安全生产法》，下列关于生产经营单位主要负责人违法行为处罚的表述，正确的是（　　）。

  A. 未履行法定的安全生产管理职责受撤职处分的，自受处分之日起，7年内不得担任本行业生产经营单位的主要负责人

  B. 未履行法定的安全生产管理职责受刑事处罚的，自刑罚执行完毕之日起，10年内不得担任任何生产经营单位的主要负责人

  C. 未履行法定的安全生产管理职责受撤职处分、对特别重大生产安全事故负有责任的，自受处分之日起，终身不得担任本行业生产经营单位的主要负责人

  D. 未履行法定的安全生产管理职责、对重大生产安全事故负有责任受刑事处罚的，自刑罚执行完毕之日起，终身不得担任任何生产经营单位的主要负责人

18. 某县应急管理局在对某危险化学品生产企业检查时发现，该企业重大危险源未按照要求登记建档，遂对该企业作出8万元罚款的处罚，并要求该企业30天内完成整改。30天后，该企业仍未按要求完成重大危险源登记建档，根据《危险化学品重大危险源监督管理暂行规定》，下列对该企业及相关责任人员的处罚，正确的是（　　）。

  A. 对该企业直接负责的主管人员和其他直接责任人员各处3万元的罚款

  B. 责令该企业停产停业整顿，并处30万元的罚款

  C. 责令该企业停产停业整顿，并处60万元的罚款

  D. 对该企业直接负责的主管人员和其他直接责任人员各处1万元的罚款

19. 某化工企业的安全生产条件不符合国家规定，导致生产现场发生了重大伤亡事故。根据《中华人民共和国刑法》及相关司法解释，该单位相关负责人涉

嫌构成（　　）。

  A. 重大责任事故罪　　　　　B. 玩忽职守罪

  C. 重大劳动安全事故罪　　　D. 强令违章冒险作业罪

20. 生产经营单位的安全培训计划应当由（　　）负责组织制订。

  A. 单位人事部负责人　　　　B. 单位技术部负责人

  C. 单位主要负责人　　　　　D. 安全管理部门负责人

21. 甲国有企业收购乙民营公司45%的股份，完成收购后，乙公司总经理李某占20%的股份，其他小股东合计占35%的股份。为强化管理，甲企业派出副总经理王某任乙公司董事长，并组建乙公司董事会。根据《中华人民共和国安全生产法》，乙公司的安全费用投入责任主体是（　　）。

  A. 董事长王某　　　　　　　B. 总经理李某

  C. 乙公司董事会　　　　　　D. 甲企业董事会

22. 某化工企业以轻质油为原料，生产的主要产品为异己烷、正己烷、正庚烷，副产品为石脑油，厂区内有储罐区和装置区两处重大危险源。为加强应急管理工作，该化工企业按照有关规定开展了应急预案的编制工作。下列关于应急预案编制工作的表述，错误的是（　　）。

  A. 成立以企业主要负责人为领导的应急预案编制小组

  B. 该化工企业辨识出的主要事故类型有火灾、容器爆炸、触电、高处坠落等

  C. 应急预案编制小组应对该企业应急装备、应急队伍等应急能力进行评估

  D. 应急预案编制完成后，主要负责人立即签署发布

23. 某股份制生产经营单位，为了保证安全生产资金的投入，年初按照国家的有关规定提取了安全生产费用，并制订了使用计划。该计划应提交的审批机构是（　　）。

  A. 安全生产委员会　　　　　B. 工会委员会

  C. 董事会　　　　　　　　　D. 监事会

24. 根据《中华人民共和国安全生产法》，对生产经营单位的主要负责人在

本单位发生重大生产安全事故时（　　），处 15 天以下的拘留；构成犯罪的，依法追究刑事责任。

　　A. 不立即组织抢救的　　　　B. 擅离职守的

　　C. 逃匿的　　　　　　　　　D. 不妥善保护现场的

25. 根据《安全生产违法行为行政处罚办法》，生产经营单位的主要负责人或者其他人员有下列哪种违法行为（　　），（　　），应给予警告，并可以对生产经营单位处 1 万元以上 3 万元以下的罚款，对其主要负责人、其他有关人员处 1 000 元以上 1 万元以下的罚款。

　　A. 未制定生产安全事故应急预案的

　　B. 故意提供虚假情况的

　　C. 未保证安全生产投入的

　　D. 未配备劳动防护用品的

26. 某化工企业现场指挥作业的负责人赵某在未采取足够安全保障措施的情况下，不顾工人的反对意见，强令工人在重大危险源乙烯罐区从事动火作业，造成 1 人死亡、3 人重伤的事故。根据《中华人民共和国刑法》的有关规定，下列关于赵某应负刑事责任的表述，正确的是（　　）。

　　A. 处 3 年以下有期徒刑或者拘役

　　B. 处 3 年以上 7 年以下有期徒刑

　　C. 处 5 年以下有期徒刑或者拘役

　　D. 处 5 年以上有期徒刑

27. 根据《企业安全生产费用提取和使用管理办法》，下列不属于危险品生产与储存企业安全生产费用支出范围的是（　　）。

　　A. 配备应急器材费用　　　　B. 外部安全培训差旅费

　　C. 安全标准化建设费用　　　D. 重大事故隐患整改费用

28. 某贸易公司、煤业公司、当地投资公司分别按 4∶3∶3 的比例共同出资成立一家化工公司。该化工公司的董事长由常驻海外的贸易公司张某担任；总经理由贸易公司王某担任，全面负责生产经营活动；副总经理由煤业公司孙某担任，负责日常生产管理；安全总监由投资公司赵某担任，负责安全管理。根据

《中华人民共和国安全生产法》的规定，负责组织制定并实施该化工公司安全生产应急预案的是（　　）。

  A. 张某　　　B. 王某　　　C. 孙某　　　D. 赵某

29. 根据《生产安全事故应急预案管理办法》，生产经营单位应结合本单位的危险源危险性分析情况和可能发生的事故的特点，制定相应的应急预案。下列关于应急预案编制的表述，正确的是（　　）。

  A. 对于危险性较大的重点岗位，应当制定专项应急预案

  B. 对于危险性较大的某一类风险，应当制定现场处置方案

  C. 编制的应急预案应当与所涉及的其他单位的应急预案相互衔接

  D. 应急预案编制完成后不需要组织专家评审

30. 某企业的主要负责人甲某因未履行安全生产管理职责，导致发生一起1人死亡的生产安全事故，于2008年9月12日受到撤职处分。该企业改制分立新企业拟聘甲某为主要负责人。根据《中华人民共和国安全生产法》，甲某可以任职的时间是（　　）。

  A. 2009年9月12日后　　　B. 2010年9月12日后

  C. 2011年9月12日后　　　D. 2013年9月12日后

31. 根据《危险化学品重大危险源监督管理暂行规定》，未按照相关要求对重大危险源安全进行安全监测监控的，被责令限期改正而逾期未改正的，对其直接负责的主管人员和其他直接责任人员处（　　）的罚款。

  A. 1万元以上3万元以下　　　B. 2万元以上5万元以下

  C. 5万元以上10万元以下　　D. 3万元以上10万元以下

32. 危险化学品单位未明确重大危险源中关键装置、重点部位的责任人或者责任机构的，由县级以上人民政府应急管理部门给予警告，可以并处（　　）的罚款。

  A. 1 000元以上1万元以下　　B. 1 000元以上2万元以下

  C. 5 000元以上3万元以下　　D. 5 000元以上5万元以下

33. 重大危险源安全包保责任人、联系方式应当录入全国危险化学品登记信息管理系统，并向所在地应急管理部门报备，相关信息变更的，应当于变更后

( )日内在全国危险化学品登记信息管理系统中更新。

A. 5　　　　　B. 7　　　　　C. 15　　　　　D. 30

34. 危险化学品企业未对重大危险源的安全生产状况进行定期检查、采取措施消除事故隐患的,由( )依法依规查处;有关责任人员构成犯罪的,依法追究刑事责任。

　　A. 县级以上人民政府应急管理部门

　　B. 设区市级以上人民政府应急管理部门

　　C. 省级以上人民政府应急管理部门

　　D. 国务院应急管理部门

35. 危险化学品企业应当按照《应急管理部关于全面实施危险化学品企业安全风险研判与承诺公告制度的通知》(应急〔2018〕74号)有关要求,向社会承诺公告重大危险源安全风险管控情况,在安全承诺公告牌企业承诺内容中增加( )的相关内容。

　　A. 落实重大危险源安全包保责任

　　B. 落实企业安全生产主体责任

　　C. 落实主要负责人职责

　　D. 落实安全管理人员职责

36. 根据《危险化学品企业重大危险源安全包保责任制办法(试行)》,下列属于重大危险源技术负责人职责的是( )。

　　A. 组织实施重大危险源安全监测监控体系建设,完善控制措施,保证安全监测监控系统符合国家标准或者行业标准的规定

　　B. 组织制定并实施重大危险源生产安全事故应急救援预案

　　C. 对涉及重大危险源的特殊作业、检维修作业等进行监督检查,督促落实作业安全管控措施

　　D. 负责督促检查各岗位严格执行重大危险源安全生产规章制度和操作规程

37. 根据《危险化学品企业重大危险源安全包保责任制办法(试行)》,下列表述正确的是( )。

A. 重大危险源的技术负责人负责督促、检查重大危险源安全生产工作

B. 重大危险源的操作负责人负责及时采取措施消除重大危险源事故隐患

C. 重大危险源的主要负责人每季度至少组织对重大危险源进行一次针对性安全风险隐患排查

D. 重大危险源的技术负责人每周至少组织一次重大危险源安全风险隐患排查

38. 重大危险源技术负责人要在主要负责人的领导下，从（　　）层面承担安全包保责任的具体组织实施、检测、审查、预案演练等工作，并定期组织安全风险隐患排查、制定管控措施等。

  A. 操作层面　　B. 整体管控　　C. 工艺管理　　D. 技术管理

39. 某企业重大危险源技术负责人组织相关人员实施重大危险源安全监测监控体系建设，下列做法不符合安全监测监控系统国家标准或者行业标准规定的是（　　）。

A. 重大危险源监控记录的电子数据的保存时间不少于 15 天

B. 一级或者二级重大危险源，应装备紧急停车系统

C. 重大危险源中储存剧毒物质的场所或者设施，设置视频监控系统

D. 对于构成重大危险源的化工生产装置应配备自动化控制系统

40. 某重大危险源技术负责人组织对安全设施和监测监控系统进行检测、检验，下列检查结果不符合要求的是（　　）。

A. 可燃气体检测仪器检测时间为 6 个月前

B. 安全阀检测时间为 11 个月前

C. 爆破片更换时间为 1 年前，外观和功能正常

D. 爆炸和火灾危险环境场所的防雷装置检测时间为 1 年前

41. 某企业重大危险源安全包保技术负责人更换了联系方式，下列表述正确的是（　　）。

A. 口头通知所在地应急管理部门有关人员即可

B. 由于责任人没有改变，无须重新报备

C. 应当于变更后 5 日内在全国危险化学品登记信息管理系统中更新

D. 由于责任人没有改变，无须在危险化学品登记信息管理系统中更新

42. 当安全技术与经济收益发生矛盾时，应优先考虑安全技术上的要求，并按一定的安全技术措施等级顺序选择安全技术措施，其中首选措施是（    ）。

A. 选用本质安全水平高的设备

B. 增加设备安全防护装置

C. 安装检测报警装置

D. 设置警示标志

43. 某企业技术负责人组织对重大危险源仓库进行安全风险隐患排查，下列符合安全管理要求的是（    ）。

A. 面积 500 m² 的仓库设置 1 个安全出口

B. 在有爆炸危险的厂房设置泄压设施

C. 物料性质不允许危险化学品同库储存时，用隔板隔离开

D. 爆炸品库房内部照明采用防爆型灯具，开关设在库房里面靠近门的一侧

44. 按照化工过程安全管理对变更的规定，下列选项中，不属于工艺技术变更的是（    ）。

A. 流程及操作条件改变　　B. 操作规程或操作方法改变

C. 合成路线改变　　D. 工厂布局改变

45. 按照化工过程安全管理对变更的规定，仪表控制系统中安全报警和联锁整定值的改变，属于（    ）变更。

A. 工艺技术　　B. 设备设施　　C. 仪器仪表　　D. 临时变更

46. 某企业生产硝酸胍的一车间发生重大爆炸事故，事故原因是公司一车间的 1 号反应釜底部放料阀（用导热油伴热）处导热油泄漏着火，造成釜内反应产物硝酸胍和未反应完的硝酸铵局部受热，急剧分解发生爆炸，继而引发存放在周边的硝酸胍和硝酸铵爆炸。此次事故中企业改变生产用的原料、提高导热油温度的做法属于（    ）变更。

A. 设备设施　　B. 工艺技术　　C. 管理　　D. 作业内容

47. 按照化工过程安全管理对变更的规定，下列（　　）属于设备设施变更。

　　A. 伴热蒸汽改为伴热热水　　B. 转子流量计改为孔板流量计

　　C. 更换同类型的机械密封　　D. 更换设备供应商

48. 下列人员可以担任企业重大危险源技术负责人的是（　　）。

　　A. 企业安全总监　　　　　　B. 企业主要负责人

　　C. 企业分管生产的负责人　　D. 车间主任

49. 下列关于重大危险源包保责任人任职的表述，正确的是（　　）。

　　A. 重大危险源的主要负责人可以由安全总监担任

　　B. 企业二级单位层面安全负责人可以担任重大危险源的操作负责人

　　C. 车间主任可以担任较低级别重大危险源的主要负责人

　　D. 企业分管设备的负责人可以担任重大危险源技术负责人

50. 重大危险源技术负责人（　　）至少组织对重大危险源进行一次针对性安全风险隐患排查，重大活动、重点时段和节假日前必须进行重大危险源安全风险隐患排查，制定管控措施和治理方案并监督落实。

　　A. 每周　　　B. 每半月　　　C. 每月　　　D. 每季度

51. 在企业同一作业区域内有 2 个以上生产经营单位进行生产经营活动，可能危及对方生产安全时，应组织承包商之间签订（　　），明确各自的安全生产管理职责和应当采取的安全措施。

　　A. 合同　　　　　　　　　　B. 谅解书

　　C. 安全生产管理协议　　　　D. 施工协议

52. 承包商进入作业现场前，化工企业要与承包商进行现场安全交底。现场安全交底的内容包括：作业过程中可能出现的（　　）等方面的危害信息。

　　A. 泄漏、火灾、爆炸　　　　B. 中毒窒息、触电、坠落

　　C. 物体打击和机械伤害　　　D. 以上都是

53. 重大危险源技术负责人每季度至少组织对重大危险源进行一次针对性安全风险隐患排查，下列不属于工艺专业排查内容的是（　　）。

　　A. 消防设施的运行　　　　　B. 操作规程的执行

C. 报警值的设定　　　　　D. 工艺指标

54. 重大危险源技术负责人每季度至少组织对重大危险源进行一次针对性安全风险隐患排查，下列不属于设备专业排查内容的是（　　）。

　　A. 安全附件的管理　　　　B. 可燃气体检测报警值的设定

　　C. 设备防腐蚀的管理　　　D. 设备防泄漏的管理

55. 重大危险源技术负责人每季度至少组织对重大危险源进行一次针对性安全风险隐患排查，下列不属于仪表专业排查内容的是（　　）。

　　A. 仪表系统完好投用情况　　B. 联锁投用情况

　　C. 安全仪表系统供电情况　　D. 爆破片更换记录

56. 危险化学品企业应当建立重大危险源技术负责人的安全包保履职记录，下列不属于记录内容的是（　　）。

　　A. 组织开展各种隐患排查的情况

　　B. 审查承包商资质的情况

　　C. 管辖范围内检测监控设施完好投用的情况

　　D. 安全生产责任制制定的情况

57. 企业的（　　）应当对包保责任人履职情况进行评估，纳入企业安全生产责任制考核与绩效管理。

　　A. 安全管理机构　　　　　B. 生产管理机构

　　C. 环保管理机构　　　　　D. 人事管理机构

58. 下列关于重大危险源监督检查的表述，正确的是（　　）。

　　A. 企业是重大危险源安全包保责任制落实情况的主体，没必要列入应急管理部门监督检查范畴

　　B. 企业未明确重大危险源中关键装置、重点部位的责任人的，应由市级以上人民政府应急管理部门依法依规查处

　　C. 应急管理部门应对重大危险源的安全生产状况进行定期检查，采取措施消除事故隐患

　　D. 应急管理部门应当运用危险化学品安全生产风险监测预警系统，加强对重大危险源安全运行情况的在线巡查抽查

59. 企业在采取各项降低风险措施的同时，要坚持尽可能合理降低（ALARP）原则。下列关于 ALARP 原则的表述，正确的是（    ）。

    A. 按照 ALARP 原则，在允许的风险区域，可以进一步降低风险

    B. 按照 ALARP 原则，在不可接受的风险区域，除非特殊情况，风险是不可接受的

    C. 按照 ALARP 原则，在允许的风险区域，降低风险所需的成本远远小于降低风险所获得的收益

    D. 按照 ALARP 原则，在广泛可接受的风险区域，剩余风险水平是不可忽略的

60. 工艺技术信息是开展工艺危险分析和风险管理的依据，下列不属于工艺技术信息内容的是（    ）。

    A. 工艺流程图

    B. "一书一签"（化学品安全技术说明书和安全标签）

    C. 设备压力等级

    D. 工艺报警值

61. 下列关于各种风险（危险）分析方法的表述，正确的是（    ）。

    A. 保护层分析法（LOPA）是一种定性风险分析及评估方法，用来决定安全功能仪表的完整性等级

    B. 危险与可操作性分析（HAZOP）可以由一个人单独完成

    C. 安全完整性（SIL）等级评估在 LOPA 分析基础上，常被应用于联锁系统的安全完整等级确定

    D. 故障类型和影响分析（FMEA）不适用于含各类检测仪表较多的工艺过程

62. 重大危险源技术负责人负责组织审查涉及重大危险源的外来施工单位及人员的相关资质、安全管理等情况，下列关于承包商资质审查的表述，不正确的是（    ）。

    A. 资质审查包括业务资质审查和安全资质审查两部分

    B. 安全资质审查材料应包括承包商安全环境资质证书

C. 业务资质审查不包括承包商营收情况

D. 安全资质审查不包括承包商安全管理体系程序文件

63. 甲公司将其施工项目发包给乙公司，乙公司将其中部分业务分包给丙公司，丙公司又转包给挂靠在丁公司的蔡某。根据《中华人民共和国安全生产法》的规定，负责统一协调、管理各方的安全生产工作的责任主体是（　　）。

  A. 丁公司　　　B. 丙公司　　　C. 乙公司　　　D. 甲公司

64. 压力容器因其内部介质的原因，发生泄漏或爆炸的时候可能会造成严重的后果，下列关于压力容器事故预防的表述，正确的是（　　）。

  A. 选用刚性、脆性较好的材料

  B. 在使用过程中，确保安全下允许超过设计压力

  C. 在设计上，采用合理的结构，避免应力集中、几何突变

  D. 制造时，可选用性能略低于原设计钢材型号的钢材

65. 液化石油气、液氯、液氨等易燃易爆、有毒有害液化气体的充装应设计采用（　　）管道充装系统，充装设备管道的静电接地、装卸软管及仪表和安全附件应配备齐全。

  A. 密闭　　　B. 软性连接　　　C. 硬性连接　　　D. 万向

66. "三违"是指（　　）。

  A. 违章指挥　　　　　　　B. 违背职业道德

  C. 违章作业　　　　　　　D. 违反劳动纪律

67. 危险化学品的"一书一签"应由（　　）提供。

  A. 使用企业　　B. 生产企业　　C. 运输企业　　D. 经营企业

68. 根据《爆炸危险环境电力装置设计规范》（GB 50058—2014），对于涉乙炔环境的防爆电气设备，其防爆等级至少应为（　　）。

  A. ⅡA　　　B. ⅡB　　　C. ⅡC　　　D. ⅡD

69. 根据《工业防护栏杆和钢平台》（GB 4053.3—2009），高度为 2~20 m 的作业场所防护栏杆高度应不低于（　　）mm。

  A. 800　　　B. 900　　　C. 1 000　　　D. 1 050

## 二、多项选择题

1. 某年产 15 万 t 烧碱生产企业扩建了 2 条生产线，按照《企业安全生产费用提取和使用管理办法》要求提取了安全生产费用，专用于安全生产支出。下列支出可以使用安全生产费用的有（　　）。

    A. 购买再生产原料用盐

    B. 扩建 2 条生产线的安全评价费用

    C. 检测生产车间的行吊

    D. 更换生产车间内可燃气体检测探头

2. 某大型化工企业新购进一台压缩机，企业分管安全的副总经理王某要求设备和安全部等人员合作编写压缩机安全操作规程。下列关于安全操作规程编制的表述，正确的有（　　）。

    A. 王某可组织编写压缩机安全操作规程

    B. 压缩机安全操作规程编写应参考压缩机的使用说明书

    C. 压缩机安全操作规程应征求使用部门意见

    D. 应编写压缩机异常情况下的处置内容

3. 某危险化学品生产企业发生火灾事故。下列关于该企业事故报告和应急救援的表述，正确的有（　　）。

    A. 事故现场有关人员应当立即报告本单位负责人

    B. 该企业负责人接到报告后，应当于 12 小时内向事故发生地县级以上人民政府应急管理部门和负有安全监管职责的有关部门报告

    C. 该企业负责人接到事故报告后，应当迅速采取有效措施，组织抢救，防止事故扩大，减少人员伤亡和财产损失

    D. 该企业主要负责人应当按照本企业危险化学品应急预案组织救援，并向当地应急管理部门和环境保护、公安、卫生行政主管部门报告

    E. 该企业主要负责人不得瞒报、谎报或者迟报，不得故意破坏事故现场、毁灭有关证据

4. 生产经营单位（　　），必须了解、掌握其安全技术特性，采取有效的安

全防护措施,并对从业人员进行专门的安全生产教育和培训。

  A. 采用新工艺       B. 采用新技术

  C. 采用新材料       D. 使用新设备

5. 下列属于生产安全事故应急预案编制基本要求的有（  ）。

  A. 依据有关法律、法规、规章和标准的规定

  B. 应急组织和人员的职责分工明确,并有具体的落实措施

  C. 有明确的应急保障措施

  D. 应急预案附件提供的信息准确

  E. 应急预案应由安全管理机构负责人组织编制

6. 生产经营单位在编制应急预案前应当进行事故风险辨识、评估和应急资源调查,其中事故风险辨识、评估包括（  ）。

  A. 识别存在的危险危害因素

  B. 分析事故可能产生的直接后果以及次生、衍生后果

  C. 评估各种事故后果的危害程度

  D. 评估各种事故后果的影响范围

  E. 全面调查本单位第一时间可以调用的应急资源状况

7. A公司总经理李某为了确保年度利润指标的完成,减少安全投入,减少安全管理人员,取消月度安全例会和季度安委会会议,暂停年度安全培训和应急救援预案演练等,弱化了安全管理。不到一年时间,公司发生了一起死亡7人、重伤6人、轻伤5人的生产安全事故。经应急管理部门调查,事故与李某的上述一系列做法存在因果关系,是一起责任事故。根据《中华人民共和国安全生产法》,下列关于对李某法律责任追究的表述,正确的有（  ）。

  A. 撤销李某的总经理职务

  B. 构成犯罪的,依照刑法的有关规定追究李某的刑事责任

  C. 处李某上一年年收入百分之六十的罚款

  D. 终身禁止李某担任本行业生产经营单位的主要负责人

  E. 自刑罚执行完毕或者受处分之日起,5年内李某不得担任任何生产
    经营单位的主要负责人

8. 根据《中华人民共和国安全生产法》，生产经营单位主要负责人在本单位发生生产安全事故时，不立即组织抢救或者在事故调查处理期间擅离职守或者逃匿的，可追究的责任有（    ）。

　　A. 降级处分　　B. 记大过处分　　C. 撤职处分　　D. 开除公职处分

　　E. 对逃匿的处 15 天以下拘留

9. 根据《生产安全事故报告和调查处理条例》，事故发生单位主要负责人、直接负责的主管人员和其他直接责任人员出现下列哪些行为，可处上一年年收入百分之六十至百分之一百的罚款。（    ）

　　A. 谎报或瞒报事故

　　B. 伪造或者故意破坏事故现场

　　C. 在事故调查中作伪证或者指使他人作伪证

　　D. 拒绝接受调查或拒绝提供有关情况和资料

　　E. 事故发生后逃匿

10. 对于取得应急管理部门安全许可的危险化学品企业每一处重大危险源，企业都要明确重大危险源的（    ），从总体管理、技术管理、操作管理三个层面实行安全包保，保障重大危险源安全平稳运行。

　　A. 主要负责人　　　　　　B. 技术负责人

　　C. 操作负责人　　　　　　D. 全体员工

11. 地方各级应急管理部门、危险化学品企业应当结合（    ），运用信息化工具，加强重大危险源安全管理。

　　A. 安全生产标准化建设

　　B. 风险分级管控和隐患排查治理体系建设

　　C. 企业安全规章制度

　　D. 安全生产操作规程

12. 地方各级应急管理部门应当加强对涉及重大危险源的危险化学品企业的监督检查，督促有关企业做好重大危险源（    ）等工作，并及时通过危险化学品登记信息管理系统填报重大危险源有关信息。

　　A. 辨识　　　B. 评估　　　C. 备案　　　D. 核销

13. 根据《石油化工企业设计防火标准（2018年版）》（GB 50160—2008），因物料爆聚、分解造成超温、超压，可能引起火灾、爆炸的反应设备应设（　　）。

　　A. 报警信号

　　B. 泄压排放设施

　　C. 自动或手动遥控的紧急切断进料设施

　　D. 调节阀

14. 根据《关于加强化工过程安全管理的指导意见》（安监总管三〔2013〕88号），化工企业要编制动设备操作规程，确保动设备始终具备规定的工况条件。自动监测大机组和重点动设备的（　　）和腐蚀性介质含量等运行参数，以便及时评估设备运行状况。

　　A. 转速　　　　　　　　B. 润滑油液位

　　C. 振动　　　　　　　　D. 位移

15. 根据《关于加强化工过程安全管理的指导意见》（安监总管三〔2013〕88号），变更管理是对（　　）等永久性或暂时性的变化进行有计划的控制，以避免或减轻对安全生产的影响。

　　A. 机构、人员、管理　　B. 工艺

　　C. 备件、材料　　　　　D. 设备设施

16. 重大危险源技术负责人负责组织审查涉及重大危险源的外来施工单位的业务资质，审查材料包括（　　）等。

　　A. 企业营业执照　　　　B. 承包商人员体检报告

　　C. 施工资质证书　　　　D. 银行开户许可证

17. 某企业重大危险源技术负责人组织开展重大危险源安全风险隐患排查，下列排查出的问题隐患构成《化工和危险化学品生产经营单位重大生产安全事故隐患判定标准（试行）》中重大生产安全事故隐患的有（　　）。

　　A. 构成四级重大危险源的液化石油气罐区未实现紧急切断功能

　　B. 构成二级重大危险源的汽油罐区未实现紧急切断功能

　　C. 构成三级重大危险源的液氯罐区未配备独立的安全仪表系统

D. 涉及液氨泄漏的场所未按国家标准设置检测报警装置

18. 建设项目试生产前，建设单位或总承包商要及时组织设计、施工、监理、生产等单位的工程技术人员开展"三查四定"，"三查"是指（　　）。

　　A. 查设计漏项　　　　　　B. 查工程量

　　C. 查工程质量　　　　　　D. 查工程隐患

19. 根据《石油库设计规范》（GB 50074—2014）的要求，甲、乙和丙$_A$类液体的（　　）应设置消除人体静电装置。

　　A. 泵房的门外

　　B. 储罐的上罐扶梯入口处

　　C. 装卸作业区内操作平台的扶梯入口处

　　D. 码头上下船的出入口处

　　E. 装置平台过道

20. 消除点火源是防止重大危险源火灾事故的重要措施，点火源包括（　　）等。

　　A. 明火　　B. 静电　　C. 电火花　　D. 摩擦和撞击

　　E. 高温体

21. 安全生产信息是化工过程安全管理的要素，包括（　　）。

　　A. 化学品信息　　　　　　B. 工艺信息

　　C. 设备信息　　　　　　　D. 仪表信息

　　E. 安全设施信息

22. 《关于加强化工过程安全管理的指导意见》（安监总管三〔2013〕88号）中规定，工艺技术变更主要包括（　　）等。

　　A. 生产能力改变

　　B. 原辅材料和介质变化

　　C. 工艺路线、流程及操作条件改变

　　D. 压力容器的结构形式改变

23. 《关于加强化工过程安全管理的指导意见》（安监总管三〔2013〕88号）中明确，设备设施变更主要包括（　　）。

A. 设备设施的更新改造　　　　B. 非同类型替换

C. 备件、材料的改变　　　　　D. 增加临时的电气设备

24. 特种作业人员作业证复审或者延期复审不予通过的原因可能是（　　）。

A. 违章操作造成严重后果或者有 2 次以上违章行为，并经查证确实的

B. 未按规定参加安全培训，或者考试不合格的

C. 有安全生产违法行为，并给予行政处罚的

D. 健康体检不合格的

25. 危险化学品生产企业进行危险化学品登记时，下列哪个选项属于登记内容。（　　）

A. 分类和标签信息　　　　　　B. 物理、化学性质

C. 生产工艺特点　　　　　　　D. 主要用途

26. 根据《化工和危险化学品生产经营单位重大生产安全事故隐患判定标准（试行）》，下列情况属于重大事故隐患的有（　　）。

A. 危险化学品生产单位主要负责人未经考核合格，已在岗 8 个月

B. 加氢工艺操作人员未取得特种作业人员证

C. 企业液化石油气储罐设置有注水设施

D. 危险化学品生产企业新入职人员未进行培训

27. 企业应对辨识出的安全风险依据安全风险评价准则确定安全风险等级，并从（　　）等方面对安全风险进行有效管控。

A. 应急　　　B. 技术　　　C. 组织　　　D. 制度

## 三、判断题

1. 危险化学品企业的重大危险源技术负责人和操作负责人由主要负责人指定。（　　）

2. 重大危险源企业的主要负责人应为基层单位的主要负责人。（　　）

3. 危险化学品企业应当向社会承诺公告重大危险源安全风险管控情况，在安全承诺公告牌企业承诺内容中增加落实重大危险源安全包保责任的相关内容。

（　　）

4. 组织建立重大危险源安全包保责任制属于重大危险源主要负责人的职责。

(        )

5. 组织制定重大危险源安全生产规章制度和操作规程，并采取有效措施保证其得到执行属于重大危险源技术负责人的职责。    (        )

6. 重大危险源主要负责人应组织对重大危险源的管理和操作岗位人员进行安全技能培训。    (        )

7. 根据《危险化学品从业单位安全标准化通用规范》(AQ 3013—2008)，企业应在新工艺、新技术、新装置、新产品投产或投用前，组织编制新的操作规程。    (        )

8. 生产经营单位的主要负责人对本单位的安全生产工作全面负责，但可以通过内部工作分工进行责任分担。    (        )

9. 重大危险源主要负责人应组织通过危险化学品登记信息管理系统填报重大危险源有关信息，保证重大危险源安全监测监控有关数据接入危险化学品安全生产风险监测预警系统。    (        )

10. 对于超过个人和社会可容许风险值限值标准的重大危险源，组织采取相应的降低风险措施，直至风险满足可容许风险标准要求，属于重大危险源主要负责人的职责。    (        )

11. 危险化学品单位的主要负责人对本单位的重大危险源安全管理工作负责，并保证重大危险源安全生产所必需的安全投入。    (        )

12. 生产经营单位的主要负责人未履行《中华人民共和国安全生产法》规定的安全生产管理职责的，责令限期改正，处 5 万元以上 10 万元以下的罚款。

(        )

13. 生产经营单位的决策机构，主要负责人或者个人经营的投资人不依照《中华人民共和国安全生产法》保证安全生产所必需的资金投入，导致发生生产安全事故的，对生产经营单位的主要负责人给予撤职处分，对个人经营的投资人处 2 万元以上 20 万元以下的罚款；构成犯罪的，依照刑法有关规定追究刑事责任。    (        )

14. 生产经营单位主要负责人未履行法定安全生产管理职责，导致发生较大

生产安全事故的，处上一年年收入百分之八十的罚款。 (　　)

15. 生产经营单位的主要负责人在本单位发生生产安全事故时，不立即组织抢救或者在事故调查处理期间擅离职守或者逃匿的，给予降级、撤职的处分，并由应急管理部门处上一年年收入百分之六十至百分之八十的罚款。 (　　)

16. 生产经营单位主要负责人未履行法定安全生产管理职责导致发生生产安全事故，受到刑事处罚或者撤职处分的，自刑罚执行完毕或者受处分之日起，5 年内不得担任任何生产经营单位的主要负责人；对重大、特别重大生产安全事故负有责任的，终身不得担任本行业生产经营单位的主要负责人。 (　　)

17. 根据《关于加强化工过程安全管理的指导意见》（安监总管三〔2013〕88 号），企业要建立承包商安全管理制度，将承包商在本企业发生的事故纳入企业事故管理。 (　　)

18. 企业应定期对承包商进行评估。 (　　)

19. 企业要对承包商作业人员进行严格的入厂安全培训教育，经考核合格的方可凭证入厂。 (　　)

20. 化工企业要建立变更管理制度。实施变更前，企业应明确受变更影响的本企业人员，并对其进行相应的培训，无须告知相关的承包商作业人员。

(　　)

21. 涉及重大危险源场所作业的承包商入厂必须由重大危险源操作负责人组织对其进行资格审查和业绩审查。 (　　)

22. 危险化学品企业应当单独建立一套针对重大危险源的安全管理体系，不能和已有的安全生产标准化建设、风险分级管控和隐患排查治理体系建设结合起来管理。 (　　)

23. 企业每年要对操作规程的适应性和有效性进行确认，至少每 3 年要对操作规程进行审核修订。 (　　)

24. 重大危险源安全包保责任制从 6 个方面对技术负责人提出了保障重大危险源安全运行的要求。 (　　)

25. 生产、储存剧毒化学品、易制爆危险化学品的单位，应当设置治安保卫机构，配备专职治安保卫人员。 (　　)

26. 生产经营单位动火作业未安排专门人员进行现场安全管理,责令限期改正,处 10 万元以下的罚款。（    ）

# 参考答案及解析

## 一、单项选择题

1. D

【解析】根据《危险化学品企业重大危险源安全包保责任制办法（试行）》第五条的规定,组织实施重大危险源安全监测监控体系建设,完善控制措施,保证安全监测监控系统符合国家标准或者行业标准的规定是重大危险源技术负责人负有的安全职责。

2. C

【解析】10 人死亡、15 人重伤、直接经济损失 6 000 多万元属于重大事故。根据《中华人民共和国安全生产法》第九十五条的规定,生产经营单位的主要负责人未履行该法规定的安全生产管理职责,导致发生生产安全事故的,由应急管理部门依照下列规定处以罚款:

(1) 发生一般事故的,处上一年年收入百分之四十的罚款。

(2) 发生较大事故的,处上一年年收入百分之六十的罚款。

(3) 发生重大事故的,处上一年年收入百分之八十的罚款。

(4) 发生特别重大事故的,处上一年年收入百分之一百的罚款。

根据《中华人民共和国安全生产法》第一百一十四条的规定,发生生产安全事故,对负有责任的生产经营单位除要求其依法承担相应的赔偿等责任外,由应急管理部门依照下列规定处以罚款:

(1) 发生一般事故的,处 30 万元以上 100 万元以下的罚款。

(2) 发生较大事故的,处 100 万元以上 200 万元以下的罚款。

(3) 发生重大事故的,处 200 万元以上 1 000 万元以下的罚款。

(4) 发生特别重大事故的,处 1 000 万元以上 2 000 万元以下的罚款。

发生生产安全事故,情节特别严重、影响特别恶劣的,应急管理部门可以按照前款罚款数额的2倍以上5倍以下对负有责任的生产经营单位处以罚款。

根据《中华人民共和国安全生产法》第九十四条的规定,生产经营单位主要负责人未履行该法规定的安全生产管理职责的,受刑事处罚或者撤职处分的,自刑罚执行完毕或者受处分之日起,5年内不得担任任何生产经营单位的主要负责人;对重大、特别重大生产安全事故负有责任的,终身不得担任本行业生产经营单位的主要负责人。

3. C

【解析】根据《中华人民共和国安全生产法》第九十三条的规定,生产经营单位主要负责人不依照该法规定保证安全生产所必需的资金投入,致使生产经营单位不具备安全生产条件的,责令限期改正,提供必需的资金;逾期未改正的,责令生产经营单位停产停业整顿。有前款违法行为,导致发生生产安全事故的,对生产经营单位的主要负责人给予撤职处分,对个人经营的投资人处2万元以上20万元以下的罚款;构成犯罪的,依照刑法有关规定追究刑事责任。

4. C

【解析】根据《生产安全事故应急预案管理办法》第三十六条的规定,有下列情形之一的,应急预案应当及时修订并归档:

(1) 依据的法律、法规、规章、标准及上位预案中的有关规定发生重大变化的。

(2) 应急指挥机构及其职责发生调整的。

(3) 安全生产面临的风险发生重大变化的。

(4) 重要应急资源发生重大变化的。

(5) 在应急演练和事故应急救援中发现需要修订预案的重大问题的。

(6) 编制单位认为应当修订的其他情况。

5. A

【解析】根据《中华人民共和国安全生产法》第九十五条的规定,生产经营单位的主要负责人未履行该法规定的安全生产管理职责,导致发生一般生产安全事故的,由应急管理部门处主要负责人上一年年收入百分之四十的罚款。本题中事故属于2021年发生的一般生产安全事故，应该处以主要负责人2020年年收入（200万元）的百分之四十的罚款，即80万元。

6. D

【解析】根据《中华人民共和国安全生产法》第二十八条的规定，生产经营单位应当对从业人员进行安全生产教育和培训，保证从业人员具备必要的安全生产知识，熟悉有关的安全生产规章制度和安全操作规程，掌握本岗位的安全操作技能，了解事故应急处理措施，知悉自身在安全生产方面的权利和义务。未经安全生产教育和培训合格的从业人员，不得上岗作业。

7. D

【解析】根据《危险化学品企业重大危险源安全包保责任制办法（试行）》第四条的规定，重大危险源的主要负责人要保证重大危险源安全生产所必需的安全投入。根据《中华人民共和国安全生产法》第二十一条的规定，主要负责人负有保证本单位安全生产投入的有效实施的职责。根据《危险化学品重大危险源监督管理暂行规定》第四条的规定，主要负责人要保证重大危险源安全生产所必需的安全投入。

8. B

【解析】液氧与煤气列入了《危险化学品目录（2015版）》。

9. C

【解析】根据《生产安全事故应急预案管理办法》第十九条的规定，生产经营单位应当在编制应急预案的基础上，针对工作场所、岗位的特点，编制简明、实用、有效的应急处置卡。应急处置卡应当规定重点岗位、人员的应急处置程序和措施，以及相关联络人员和联系方式，便于从业人员携带。

10. D

【解析】选项A错误，一级重大危险源记录电子数据的保存时间，应当不少于30天。选项B错误，涉及剧毒气体的重大危险源，应当至少配备2套以上（含2套）气密型化学防护服。选项C错误，重大危险源专项应急预案的演练，应当每年至少进行一次。

11. B

【解析】根据《中华人民共和国安全生产法》第五条的规定，生产经营单位的主要负责人是本单位安全生产第一责任人，对本单位的安全生产工作全面负责。其他负责人对职责范围内的安全生产工作负责。

12. C

【解析】根据《中华人民共和国安全生产法》第二十三条的规定，有关生产经营单位应当按照规定提取和使用安全生产费用，专门用于改善安全生产条件。安全生产费用在成本中据实列支。

13. D

【解析】根据《危险化学品安全管理条例》第六十六条和第六十七条的规定，国家实行危险化学品登记制度，由各地的应急管理部门负责登记工作。

14. C

【解析】根据《企业安全生产费用提取和使用管理办法》第三十二条的规定，企业应当加强安全费用管理，编制年度安全费用提取和使用计划，纳入企业财务预算。企业年度安全费用使用计划和上一年安全费用的提取、使用情况按照管理权限报同级财政部门、安全生产监督管理部门和行业主管部门等备案。

15. A

【解析】根据《中华人民共和国安全生产法》第二十一条的规定，保证本单位安全生产投入的有效实施是生产经营单位主要负责人的职责。

16. C

【解析】根据《中华人民共和国安全生产法》第五条的规定，生产经营单位的主要负责人对本单位的安全生产工作全面负责。主要负责人应为企业生产经营活动的主要决策人。

17. C

【解析】根据《中华人民共和国安全生产法》第九十四条的规定，生产经营单位的主要负责人未履行法定的安全生产管理职责受刑事处罚或者撤职处分的，自刑罚执行完毕或者受处分之日起，5年内不得担任任何生产经营单位的主要负责人；对重大、特别重大生产安全事故负有责任的，终身不得担任本行业生产经营单位的主要负责人。

18. A

【解析】根据《危险化学品重大危险源监督管理暂行规定》第三十二条的规定,危险化学品单位有下列行为之一的,由县级以上人民政府安全生产监督管理部门责令限期改正,可以处 10 万元以下的罚款;逾期未改正的,责令停产停业整顿,并处 10 万元以上 20 万元以下的罚款,对其直接负责的主管人员和其他直接责任人员处 2 万元以上 5 万元以下的罚款;构成犯罪的,依照刑法有关规定追究刑事责任:

(1) 未按照该规定要求对重大危险源进行安全评估或者安全评价的。

(2) 未按照该规定要求对重大危险源进行登记建档的。

(3) 未按照该规定及相关标准要求对重大危险源进行安全监测监控的。

(4) 未制定重大危险源事故应急预案的。

19. C

【解析】根据《中华人民共和国刑法》第一百三十五条的规定,重大劳动安全事故罪是指安全生产设施或者安全生产条件不符合国家规定,因而发生重大伤亡事故或者造成其他严重后果的,对直接负责的主管人员和其他直接责任人员,处 3 年以下有期徒刑或者拘役;情节特别恶劣的,处 3 年以上 7 年以下有期徒刑。

20. C

【解析】根据《生产经营单位安全培训规定》第二十一条的规定,生产经营单位应当将安全培训工作纳入本单位年度工作计划。保证本单位安全培训工作所需资金。生产经营单位的主要负责人负责组织制订并实施本单位安全培训计划。

21. C

【解析】根据《中华人民共和国安全生产法》第二十一条的规定,生产经营单位的主要负责人对本单位安全生产投入的有效实施负责。安全生产投入资金具体由谁来保证,应根据企业的性质而定。一般来说,股份制企业、合资企业等安全生产投入资金由董事会予以保证;一般国有企业由厂长或者经理予以保证;个体工商户等个体经济组织由投资人予以保证。上述保证人承担由于安全生产所必需的资金投入不足而导致事故后果的法律责任。

22. D

【解析】根据《生产经营单位生产安全事故应急预案编制导则》(GB/T 29639—2020) 第 3.2.6 条的规定，应急预案编制完成后，生产经营单位应按法律法规有关规定组织评审或论证。通过评审的应急预案，由生产经营单位主要负责人签发实施。

23. C

【解析】作为股份制企业的决策机构，董事会应当保证企业的安全生产资金投入。

24. C

【解析】根据《中华人民共和国安全生产法》第一百一十条的规定，生产经营单位主要负责人在本单位发生重大生产安全事故时，不立即组织抢救或者在事故调查处理期间擅离职守或者逃匿的，给予降职、撤职的处分，对逃匿的处 15 天以下的拘留；构成犯罪的，依照《中华人民共和国刑法》有关规定追究刑事责任。

25. B

【解析】根据《安全生产违法行为行政处罚办法》第四十五条的规定，生产经营单位及其主要负责人或者其他人员有下列行为之一的，给予警告，并可以对生产经营单位处 1 万元以上 3 万元以下的罚款，对其主要负责人、其他有关人员处 1 000 元以上 1 万元以下的罚款：

(1) 违反操作规程或者安全管理规定作业的。

(2) 违章指挥从业人员或者强令从业人员违章、冒险作业的。

(3) 发现从业人员违章作业不加制止的。

(4) 超过核定的生产能力、强度或者定员进行生产的。

(5) 对被查封或者扣押的设施、设备、器材、危险物品和作业场所，擅自启封或者使用的。

(6) 故意提供虚假情况或者隐瞒存在的事故隐患以及其他安全问题的。

(7) 拒不执行安全监管监察部门依法下达的安全监管监察指令的。

26. C

【解析】根据《中华人民共和国刑法》第一百三十四条的规定，强令他人违章冒险作业，因而发生重大伤亡事故或者造成其他严重后果的，处 5 年以下有期徒刑或者拘役；情节特别恶劣的，处 5 年以上有期徒刑。本题中造成 1 人死亡、3 人重伤未达到情节特别恶劣的标准。

27. B

【解析】根据《企业安全生产费用提取和使用管理办法》第二十条的规定，危险品生产与储存企业安全费用的支出范围是：

（1）完善、改造和维护安全防护设施设备支出（不含"三同时"要求初期投入的安全设施），包括车间、库房、罐区等作业场所的监控、监测、通风、防晒、调温、防火、灭火、防爆、泄压、防毒、消毒、中和、防潮、防雷、防静电、防腐、防渗漏、防护围堤或者隔离操作等设施设备支出。

（2）配备、维护、保养应急救援器材、设备支出和应急演练支出。

（3）开展重大危险源和事故隐患评估、监控和整改支出。

（4）安全生产检查、评价（不包括新建、改建、扩建项目安全评价）、咨询和标准化建设支出。

（5）配备和更新现场作业人员安全防护用品支出。

（6）安全生产宣传、教育、培训支出。

（7）安全生产适用的新技术、新标准、新工艺、新装备的推广应用支出。

（8）安全设施及特种设备检测检验支出。

（9）其他与安全生产直接相关的支出。

28. B

【解析】根据《中华人民共和国安全生产法》第二十一条的规定，生产经营单位主要负责人的安全生产职责之一是组织制定并实施本单位的生产安全事故应急预案。生产经营单位主要负责人必须是实际领导、指挥生产经营单位日常生产经营活动的决策人。在一般情况下，生产经营单位主要负责人是其法定代表人。但是某些公司制企业特别是国内外一些特大集团公司的法定代表人，往往与其子公司的法定代表人（董事长）同为一人，他们不负责日常的生产经营活动和安全生产工作，通常是在异地或者国外。在这种情况下，那些真正全面组织、领导生产经营活动和安全生产工作的决策人就不一定是企业董事长，而是总经理（厂长）或者其他人。

29. C

【解析】根据《生产经营单位生产安全事故应急预案编制导则》（GB/T 29639—2020）第4.6条的规定，生产经营单位编制的综合应急预案、专项应急预案和现场处置方案之间应当相互衔接，并与所涉及的其他单位的应急预案相互衔接。对于危险性较大的重点岗位，生产经营单位应当制定重点工作岗位的现场处置方案。对于某一种类的风险，生产经营单位应当根据存在的重大危险源和可能发生的事故类型，制定相应的专项应急预案。地方各级应急管理部门应当组织有关专家对本部门编制的应急预案进行审定；必要时，可以召开听证会，听取社会有关方面的意见。

30. D

【解析】根据《中华人民共和国安全生产法》第九十四条的规定，生产经营单位的主要负责人依照相关规定受刑事处罚或者撤职处分的，自刑罚执行完毕或者受处分之日起，5年内不得担任任何生产经营单位的主要负责人；对重大、特别重大生产安全事故负有责任的，终身不得担任本行业生产经营单位的主要负责人。

31. B

【解析】根据《危险化学品重大危险源监督管理暂行规定》第三十二条的规定，未按照相关要求对重大危险源进行安全监测监控的，由县级以上人民政府安全生产监督管理部门责令限期改正，可以处10万元以下的罚款；逾期未改正的，责令停产停业整顿，并处10万元以上20万元以下的罚款，对其直接负责的主管人员和其他直接责任人员处2万元以上5万元以下的罚款；构成犯罪的，依照刑法有关规定追究刑事责任。

32. C

【解析】根据《危险化学品重大危险源监督管理暂行规定》第三十四条的规定，危险化学品单位未明确重大危险源中关键装置、重点部位的责任人或者责任机构的，由县级以上人民政府安全生产监督管理部门给予警告，可以并处5 000元以上3万元以下的罚款。

33. A

【解析】根据《危险化学品企业重大危险源安全包保责任制办法（试行）》第七条的规定，重大危险源安全包保责任人、联系方式应当录入全国危险化学品登记信息管理系统，并向所在地应急管理部门报备，相关信息变更的，应当于变更后5日内在全国危险化学品登记信息管理系统中更新。

34. A

【解析】根据《危险化学品企业重大危险源安全包保责任制办法（试行）》第十三条的规定，危险化学品企业未按照相关要求对重大危险源安全进行监测监控的，未明确重大危险源中关键装置、重点部位的责任人的，未对重大危险源的安全生产状况进行定期检查、采取措施消除事故隐患的，以及存在其他违法违规行为的，由县级以上人民政府应急管理部门依法依规查处；有关责任人员构成犯罪的，依法追究刑事责任。

35. A

【解析】根据《危险化学品企业重大危险源安全包保责任制办法（试行）》第八条的规定，危险化学品企业应当按照《应急管理部关于全面实施危险化学品企业安全风险研判与承诺公告制度的通知》（应急〔2018〕74号）有关要求，向社会承诺公告重大危险源安全风险管控情况，在安全承诺公告牌企业承诺内容中增加落实重大危险源安全包保责任的相关内容。

36. A

【解析】选项B，属于重大危险源主要负责人的职责。选项C和D，属于重大危险源操作负责人的职责。

37. B

【解析】选项A，属于重大危险源主要负责人的职责。选项C，属于重大危险源技术负责人的职责。选项D，属于重大危险源操作负责人的职责。

38. D

【解析】根据《危险化学品企业重大危险源安全包保责任制办法（试行）》

第五条的规定，重大危险源技术负责人主要从技术管理层面承担安全包保责任。

39. A

【解析】根据《危险化学品重大危险源监督管理暂行规定》第十三条的规定，重大危险源监控记录的电子数据的保存时间不少于30天。

40. D

【解析】根据《防雷减灾管理办法》第十九条的规定，投入使用后的防雷装置实行定期检测制度。对爆炸和火灾危险环境场所的防雷装置应当每半年检测一次。

41. C

【解析】根据《危险化学品企业重大危险源安全包保责任制办法（试行）》第七条的规定，重大危险源安全包保责任人、联系方式应当录入全国危险化学品登记信息管理系统，并向所在地应急管理部门报备，相关信息变更的，应当于变更后5日内在全国危险化学品登记信息管理系统中更新。

42. A

【解析】按一定的安全技术措施等级顺序选择安全技术措施时，应该首选直接安全技术措施，提升设备本质安全水平。

43. B

【解析】选项A错误，根据《建筑设计防火规范（2018年版）》（GB 50016—2014）第3.8.2条的规定，每座仓库的安全出口不应少于2个，面积不大于300 m² 时，可设置1个安全出口。选项C错误，根据《石油化工企业设计防火标准（2018年版）》（GB 50160—2008）第6.6.1条的规定，化学品应按其化学物理特性分类储存，当物料性质不允许同库储存时，应用实体墙隔开，并各设出入口。选项D错误，根据《建筑设计防火规范（2018年版）》（GB 50016—2014）第10.2.5条的规定，配电箱及开关应设置在仓库外。

44. D

【解析】根据《关于加强化工过程安全管理的指导意见》（安监总管三〔2013〕88号）第（二十三）条的规定，工艺技术变更主要包括生产能力、原辅材料（包括助剂、添加剂、催化剂等）和介质（包括成分比例的变化），工艺路线、流程及操作条件，工艺操作规程或操作方法，工艺控制参数，仪表控制系统（包括安全报警和联锁整定值的改变），水、电、汽、风等公用工程方面的改变等。

45. A

【解析】根据《关于加强化工过程安全管理的指导意见》（安监总管三〔2013〕88号）第（二十三）条的规定，仪表控制系统（包括安全报警和联锁整定值的改变）的改变属于工艺技术变更。

46. B

【解析】根据《关于加强化工过程安全管理的指导意见》（安监总管三〔2013〕88号）第（二十三）条的规定，原辅材料（包括助剂、添加剂、催化剂等）和介质（包括成分比例的变化），工艺路线、流程及操作条件，工艺操作规程或操作方法，工艺控制参数的改变等，属于工艺技术变更。

47. B

【解析】根据《关于加强化工过程安全管理的指导意见》（安监总管三〔2013〕88号）第（二十三）条的规定，设备设施变更主要包括设备设施的更新改造、非同类型替换（包括型号、材质、安全设施的变更）、布局改变、备件、材料的改变，监控、测量仪表的变更，计算机及软件的变更，电气设备的变更，增加临时的电气设备等。

48. C

【解析】根据《危险化学品企业重大危险源安全包保责任制办法（试行）》第十五条的规定，重大危险源的技术负责人应当由危险化学品企业层面技术、生产、设备等分管负责人或者二级单位（分厂）层面有关负责人担任。

49. D

【解析】根据《危险化学品企业重大危险源安全包保责任制办法（试行）》第十五条的规定，重大危险源的主要负责人应当由危险化学品企业的主要负责人担任。重大危险源的技术负责人应当由危险化学品企业层面技术、生产、设备等分管负责人或者二级单位（分厂）层面有关负责人担任。重大危险源的操作负责人，应当由重大危险源生产单元、储存单元所在车间、单位的现场直接管理人员担任，例如车间主任。

50. D

【解析】根据《危险化学品企业重大危险源安全包保责任制办法（试行）》第五条的规定，重大危险源技术负责人开展安全风险隐患排查的频次是每季度至少一次。

51. C

【解析】根据《中华人民共和国安全生产法》第四十八条的规定，两个以上生产经营单位在同一作业区域内进行生产经营活动，可能危及对方生产安全的，应当签订安全生产管理协议，明确各自的安全生产管理职责和应当采取的安全措施，并指定专职安全生产管理人员进行安全检查与协调。

52. D

【解析】根据《关于加强化工过程安全管理的指导意见》（安监总管三〔2013〕88号）第（二十一）条的规定，承包商进入作业现场前，企业要与承包商作业人员进行现场安全交底。现场安全交底的内容包括：作业过程中可能出现的泄漏、火灾、爆炸、中毒窒息、触电、坠落、物体打击和机械伤害等方面的危害信息。

53. A

【解析】工艺专业排查的内容包括工艺指标、操作规程的执行、报警值的设定、变更管理等。选项A属于消防专业排查的内容。

54. B

【解析】设备专业排查的内容包括设备的安全运行、安全附件的管理、设备保温保冷、防腐蚀、防泄漏的管理等。选项B属于工艺专业排查的内容。

55. D

【解析】仪表专业排查的内容包括仪表系统的完好投用、安全仪表标识、联锁投用情况等。选项D属于设备专业排查的内容。

56. D

【解析】根据《危险化学品企业重大危险源安全包保责任制办法（试行）》第四条的规定，组织制定安全生产责任制是企业主要负责人的职责。

**57. A**

【解析】根据《危险化学品企业重大危险源安全包保责任制办法（试行）》第九条的规定，企业的安全管理机构应当对包保责任人履职情况进行评估，纳入企业安全生产责任制考核与绩效管理。

**58. D**

【解析】选项 A 错误，应急管理部门应当将重大危险源安全包保责任制落实情况纳入监督检查范畴。选项 B 错误，企业未明确重大危险源中关键装置、重点部位的责任人的，可由县级以上人民政府应急管理部门依法依规查处。选项 C 错误，企业应对重大危险源的安全生产状况进行定期检查，采取措施消除事故隐患。

**59. B**

【解析】按照尽可能合理降低（ALARP）原则，风险区域可分为不可接受的风险区域、允许的风险区域和广泛可接受的风险区域。选项 A 错误，按照 ALARP 原则，在允许的风险区域，在当前的技术条件下，进一步降低风险不可行。选项 C 错误，按照 ALARP 原则，在允许的风险区域，降低风险所需的成本远远大于降低风险所获得的收益。选项 D 错误，按照 ALARP 原则，在广泛可接受的风险区域，剩余风险水平是可忽略的。

**60. C**

【解析】工艺技术信息包括工艺流程图、一书一签、工艺化学原理资料、安全操作范围等信息，设备压力等级属于工艺设备信息范畴。

**61. C**

【解析】选项 A 错误，保护层分析法（LOPA）是一种半定量风险分析及评估方法，用来决定安全功能仪表的完整性等级。选项 B 错误，危险与可操作性分析（HAZOP）采用"头脑风暴"的方式，不可以由一个人单独完成。选项 D 错误，故障类型和影响分析（FMEA）适用于过程控制系统复杂，含各类检测仪表较多的工艺过程。

**62. D**

【解析】承包商安全资质审查内容包括安全管理体系程序文件及有效评审

报告。

63. D

【解析】根据《中华人民共和国安全生产法》第四十九条的规定，生产经营项目、场所发包或者出租给其他单位的，生产经营单位应当与承包单位、承租单位签订专门的安全生产管理协议，或者在承包合同、租赁合同中约定各自的安全生产管理职责；生产经营单位对承包单位、承租单位的安全生产工作统一协调、管理，定期进行安全检查，发现安全问题的，应当及时督促整改。

64. C

【解析】选项 A 错误，压力容器壳体材料要具有良好的塑性、焊接性能和良好的热加工性能。选项 B 错误，压力容器使用工作压力不允许超过设计压力。选项 D 错误，制造时不能选用低于原设计钢材型号的钢材。

65. D

【解析】根据《化工和危险化学品生产经营单位重大生产安全事故隐患判定标准（试行）》第七条的规定，液化烃、液氨、液氯等易燃易爆、有毒有害液化气体的充装应使用万向管道充装系统，充装设备管道的静电接地、装卸软管及仪表和安全附件应配备齐全。

66. B

【解析】"三违"是指违章指挥、违章作业和违反劳动纪律。

67. B

【解析】根据《危险化学品安全管理条例》第十五条的规定，危险化学品生产企业应当提供与其生产的危险化学品相符的化学品安全技术说明书，并在危险化学品包装（包括外包装件）上粘贴或者拴挂与包装内危险化学品相符的化学品安全标签。

68. C

【解析】根据《爆炸危险环境电力装置设计规范》（GB 50058—2014）附表 C 的规定，对于涉乙炔环境的防爆电气，防爆等级至少应为ⅡC。

69. D

【解析】根据《工业防护栏杆和钢平台》（GB 4053.3—2009）第 5.2 条的规

定：当平台、通道及作业场所距基准面高度小于 2 m 时，防护栏杆高度应不低于 900 mm，2~20 m 的作业场所防护栏杆高度应不低于 1 050 mm。

## 二、多项选择题

1. CD

【解析】根据《企业安全生产费用提取和使用管理办法》第二十条的规定，危险品生产与储存企业安全费用的支出范围是：

（1）完善、改造和维护安全防护设施设备支出（不含"三同时"要求初期投入的安全设施），包括车间、库房、罐区等作业场所的监控、监测、通风、防晒、调温、防火、灭火、防爆、泄压、防毒、消毒、中和、防潮、防雷、防静电、防腐、防渗漏、防护围堤或者隔离操作等设施设备支出。

（2）配备、维护、保养应急救援器材、设备支出和应急演练支出。

（3）开展重大危险源和事故隐患评估、监控和整改支出。

（4）安全生产检查、评价（不包括新建、改建、扩建项目安全评价）、咨询和标准化建设支出。

（5）配备和更新现场作业人员安全防护用品支出。

（6）安全生产宣传、教育、培训支出。

（7）安全生产适用的新技术、新标准、新工艺、新装备的推广应用支出。

（8）安全设施及特种设备检测检验支出。

（9）其他与安全生产直接相关的支出。

2. BCD

【解析】根据《关于加强化工过程安全管理的指导意见》（安监总管三〔2013〕88号）第（八）条的规定，操作规程的内容应至少包括：开车、正常操作、临时操作、应急操作、正常停车和紧急停车的操作步骤与安全要求，鼓励从业人员分享安全操作经验，参与操作规程的编制、修订和审核。选项 A 错误，安全操作规程应由企业主要负责人组织编写。

3. ACDE

【解析】根据《生产安全事故报告和调查处理条例》第九条的规定，选项 B

错误，单位负责人接到报告后，应当于 1 小时内向事故发生地县级以上人民政府安全生产监督管理部门和负有安全生产监督管理职责的有关部门报告。

4. ABCD

【解析】根据《中华人民共和国安全生产法》第二十九条的规定，生产经营单位采用新工艺、新技术、新材料或者使用新设备，必须了解、掌握其安全技术特性，采取有效的安全防护措施，并对从业人员进行专门的安全生产教育和培训。

5. ABCD

【解析】根据《生产安全事故应急预案管理办法》第八条的规定，应急预案的编制应当符合下列基本要求：

（1）有关法律、法规、规章和标准的规定。

（2）本地区、本部门、本单位的安全生产实际情况。

（3）本地区、本部门、本单位的危险性分析情况。

（4）应急组织和人员的职责分工明确，并有具体的落实措施。

（5）有明确、具体的应急程序和处置措施，并与其应急能力相适应。

（6）有明确的应急保障措施，满足本地区、本部门、本单位的应急工作需要。

（7）应急预案基本要素齐全、完整，应急预案附件提供的信息准确。

（8）应急预案内容与相关应急预案相互衔接。

6. ABCD

【解析】根据《生产安全事故应急预案管理办法》第十条的规定，编制应急预案前，编制单位应当进行事故风险辨识、评估和应急资源调查。

事故风险辨识、评估，是指针对不同事故种类及特点，识别存在的危险危害因素，分析事故可能产生的直接后果以及次生、衍生后果，评估各种后果的危害程度和影响范围，提出防范和控制事故风险措施的过程。

应急资源调查，是指全面调查本地区、本单位第一时间可以调用的应急资源状况和合作区域内可以请求援助的应急资源状况，并结合事故风险评估结论制定应急措施的过程。

7. ABCE

【解析】根据《中华人民共和国安全生产法》第九十四条、第九十五条的规定，生产经营单位的主要负责人未履行该法规定的安全生产管理职责的，责令限期改正，处 2 万元以上 5 万元以下的罚款；逾期未改正的，处 5 万元以上 10 万元以下的罚款，责令生产经营单位停产停业整顿。生产经营单位的主要负责人因未履行安全生产管理职责导致发生生产安全事故的，给予撤职处分；构成犯罪的，依照刑法有关规定追究刑事责任。生产经营单位的主要负责人因未履行安全生产管理职责受刑事处罚或者撤职处分的，自刑罚执行完毕或者受处分之日起，5 年内不得担任任何生产经营单位的主要负责人；对重大、特别重大生产安全事故负有责任的，终身不得担任本行业生产经营单位的主要负责人。因未履行安全生产管理职责发生较大事故的，对生产经营单位的主要负责人处上一年年收入百分之六十的罚款。

8. ACE

【解析】根据《中华人民共和国安全生产法》第一百一十条的规定，生产经营单位主要负责人在本单位发生重大生产安全事故时，不立即组织抢救或者在事故调查处理期间擅离职守或者逃匿的，给予降级、撤职的处分，并由应急管理部门处上一年年收入百分之六十至百分之一百的罚款；对逃匿的处 15 天以下的拘留；构成犯罪的，依照《中华人民共和国刑法》有关规定追究刑事责任。

9. ABCDE

【解析】根据《生产安全事故报告和调查处理条例》第三十六条的规定，事故发生单位及其有关人员有下列行为之一的，对主要负责人、直接负责的主管人员和其他直接责任人员处上一年年收入百分之六十至百分之一百的罚款。

（1）谎报或者瞒报事故。

（2）伪造或者故意破坏事故现场。

（3）转移、隐匿资金、财产，或者销毁有关证据、资料。

（4）拒绝接受调查或者拒绝提供有关情况和资料。

（5）在事故调查中作伪证或者指使他人作伪证。

（6）事故发生后逃匿。

10. ABC

【解析】根据《危险化学品企业重大危险源安全包保责任制办法（试行）》第三条的规定，危险化学品企业应当明确本企业每一处重大危险源的主要负责人、技术负责人和操作负责人，从总体管理、技术管理、操作管理三个层面对重大危险源实行安全包保。

11. AB

【解析】根据《危险化学品企业重大危险源安全包保责任制办法（试行）》第十一条的规定，各级应急管理部门、危险化学品企业应当结合安全生产标准化建设、风险分级管控和隐患排查治理体系建设，运用信息化工具，加强重大危险源安全管理。

12. ABCD

【解析】根据《危险化学品企业重大危险源安全包保责任制办法（试行）》第十四条的规定，地方各级应急管理部门应当加强对涉及重大危险源的危险化学品企业的监督检查，督促有关企业做好重大危险源辨识、评估、备案、核销等工作，并及时通过危险化学品登记信息管理系统填报重大危险源有关信息。

13. ABC

【解析】根据《石油化工企业设计防火标准（2018年版）》（GB 50160—2008）第5.5.13条的规定，因物料爆聚、分解造成超温、超压，可能引起火灾、爆炸的反应设备应设报警信号和泄压排放设施，以及自动或手动遥控的紧急切断进料设施。

14. ACD

【解析】根据《关于加强化工过程安全管理的指导意见》（安监总管三〔2013〕88号）第（十七）条的规定，企业要编制动设备操作规程，确保动设备始终具备规定的工况条件。自动监测大机组和重点动设备的转速、振动、位移、温度、压力、腐蚀性介质含量等运行参数，及时评估设备运行状况。

15. ABCD

【解析】根据《关于加强化工过程安全管理的指导意见》（安监总管三〔2013〕88号）第（二十二）条的规定，企业在工艺、设备、仪表、电气、公用工程、备件、材料、化学品、生产组织方式和人员等方面发生的所有变化，都要纳入变更管理。

16. ACD

【解析】承包商业务资质审查的材料包括承包商准入审查表、有效的企业资信证明、企业资质证明、近期业绩和表现有关资料等。

17. BD

【解析】根据《化工和危险化学品生产经营单位重大生产安全事故隐患判定标准（试行）》第五项、第十二项的规定，以下情形应当判定为重大事故隐患：构成一级、二级重大危险源的危险化学品罐区未实现紧急切断功能；涉及毒性气体、液化气体、剧毒液体的一级、二级重大危险源的危险化学品罐区未配备独立的安全仪表系统。涉及可燃和有毒有害气体泄漏的场所未按国家标准设置检测报警装置，爆炸危险场所未按国家标准安装使用防爆电气设备。

18. ACD

【解析】根据《关于加强化工过程安全管理的指导意见》（安监总管三〔2013〕88号）的规定，建设项目试生产前，建设单位或总承包商要及时组织设计、施工、监理、生产等单位的工程技术人员开展"三查四定"（三查：查设计漏项、查工程质量、查工程隐患；四定：整改工作定任务、定人员、定时间、定措施）。

19. ABCD

【解析】根据《石油库设计规范》（GB 50074—2014）第14.3.14条的规定，甲、乙和丙A类液体作业场所应设消除人体静电装置的地点有：泵房的门外、储罐的上罐扶梯入口处、装卸作业区内操作平台的扶梯入口处、码头上下船的出入口处。

20. ABCDE

【解析】点火源又称着火源，是指具有一定能量，能够引起燃烧的热能源。

21. ABCDE

【解析】根据《关于加强化工过程安全管理的指导意见》（安监总管三〔2013〕88号）的规定，企业要全面收集生产过程涉及的化学品危险性、工艺和设备等方面的全部安全生产信息。

22. ABC

【解析】根据《关于加强化工过程安全管理的指导意见》（安监总管三〔2013〕88 号）第（二十三）条的规定，工艺技术变更主要包括生产能力，原辅材料（包括助剂、添加剂、催化剂等）和介质（包括成分比例的变化），工艺路线、流程及操作条件，工艺操作规程或操作方法，工艺控制参数，仪表控制系统（包括安全报警和联锁整定值的改变），水、电、汽、风等公用工程方面的改变等。

23. ABCD

【解析】根据《关于加强化工过程安全管理的指导意见》（安监总管三〔2013〕88 号）第（二十三）条的规定，设备设施变更主要包括设备设施的更新改造、非同类型替换（包括型号、材质、安全设施的变更）、布局改变，备件、材料的改变，监控、测量仪表的变更，计算机及软件的变更，电气设备的变更，增加临时的电气设备等。

24. ABCD

【解析】根据《特种作业人员安全技术培训考核管理规定》第二十五条的规定，特种作业人员有下列情形之一的，复审或者延期复审不予通过：

（1）健康体检不合格的。

（2）违章操作造成严重后果或者有 2 次以上违章行为，并经查证确实的。

（3）有安全生产违法行为，并给予行政处罚的。

（4）拒绝、阻碍安全生产监管监察部门监督检查的。

（5）未按规定参加安全培训，或者考试不合格的。

25. ABD

【解析】根据《危险化学品安全管理条例》第六十七条的规定，危险化学品生产企业、进口企业，应当向国务院安全生产监督管理部门负责危险化学品登记的机构办理危险化学品登记。登记包括下列内容：

（1）分类和标签信息。

（2）物理、化学性质。

（3）主要用途。

（4）危险特性。

（5）储存、使用、运输的安全要求。

（6）出现危险情况的应急处置措施。

26. AB

【解析】根据《化工和危险化学品生产经营单位重大生产安全事故隐患判定标准（试行）》第一项、第二项的规定，危险化学品生产、经营单位主要负责人和安全生产管理人员未依法经考核合格、特种作业人员未持证上岗属于重大事故隐患。

27. ABCD

【解析】根据《国务院安委会办公室关于实施遏制重特大事故工作指南构建双重预防机制的意见》（安委办〔2016〕11号）的规定，企业应对辨识出的安全风险依据安全风险评价准则确定安全风险等级，并从技术、组织、制度、应急等方面对安全风险进行有效管控。

### 三、判断题

1. 正确

【解析】根据《危险化学品企业重大危险源安全包保责任制办法（试行）》第四条第（一）项的规定，重大危险源的主要负责人组织建立重大危险源安全包保责任制并指定对重大危险源负有安全包保责任的技术负责人、操作负责人。

2. 错误

【解析】根据《危险化学品企业重大危险源安全包保责任制办法（试行）》第十五条的规定，重大危险源的主要负责人应当由危险化学品企业的主要负责人担任。

3. 正确

【解析】根据《危险化学品企业重大危险源安全包保责任制办法（试行）》第八条的规定，危险化学品企业应当按照《应急管理部关于全面实施危险化学品企业安全风险研判与承诺公告制度的通知》（应急〔2018〕74号）有关要求，向社会承诺公告重大危险源安全风险管控情况，在安全承诺公告牌企业承诺内容中增加落实重大危险源安全包保责任的相关内容。

4. 正确

【解析】根据《危险化学品企业重大危险源安全包保责任制办法（试行）》第四条第（一）项的规定，重大危险源的主要负责人组织建立重大危险源安全包保责任制并指定对重大危险源负有安全包保责任的技术负责人、操作负责人。

5. 错误

【解析】根据《危险化学品企业重大危险源安全包保责任制办法（试行）》第四条第（二）项的规定，重大危险源的主要负责人组织制定重大危险源安全生产规章制度和操作规程，并采取有效措施保证其得到执行。

6. 正确

【解析】根据《危险化学品企业重大危险源安全包保责任制办法（试行）》第四条第（三）项的规定，重大危险源的主要负责人组织对重大危险源的管理和操作岗位人员进行安全技能培训。

7. 正确

【解析】根据《危险化学品从业单位安全标准化通用规范》（AQ 3013—2008）第5.3.4.2条的规定，企业应在新工艺、新技术、新装置、新产品投产或投用前，组织编制新的操作规程。

8. 错误

【解析】《中华人民共和国安全生产法》规定的主要负责人的职责应由主要负责人履行，不能进行内部责任分担。

9. 正确

【解析】根据《危险化学品企业重大危险源安全包保责任制办法（试行）》第四条第（七）项的规定，重大危险源的主要负责人组织通过危险化学品登记信息管理系统填报重大危险源有关信息，保证重大危险源安全监测监控有关数据接入危险化学品安全生产风险监测预警系统。

10. 错误

【解析】根据《危险化学品企业重大危险源安全包保责任制办法（试行）》

第五条第（三）项的规定，对于超过个人和社会可容许风险值限值标准的重大危险源，组织采取相应的降低风险措施，直至风险满足可容许风险标准要求，属于重大危险源技术负责人的职责。

11. 正确

【解析】根据《危险化学品重大危险源监督管理暂行规定》第四条的规定，危险化学品单位是本单位重大危险源安全管理的责任主体，其主要负责人对本单位的重大危险源安全管理工作负责，并保证重大危险源安全生产所必需的安全投入。

12. 错误

【解析】根据《中华人民共和国安全生产法》第九十四条的规定，生产经营单位的主要负责人未履行该法规定的安全生产管理职责的，责令限期改正，处2万元以上5万元以下的罚款；逾期未改正的，处5万元以上10万元以下的罚款，责令生产经营单位停产停业整顿。

13. 正确

【解析】根据《中华人民共和国安全生产法》第九十三条的规定，生产经营单位的决策机构，主要负责人或者个人经营的投资人不依照《中华人民共和国安全生产法》保证安全生产所必需的资金投入，导致发生生产安全事故的，对生产经营单位的主要负责人给予撤职处分，对个人经营的投资人处2万元以上20万元以下的罚款；构成犯罪的，依照刑法有关规定追究刑事责任。

14. 错误

【解析】根据《中华人民共和国安全生产法》第九十五条第（二）项的规定，生产经营单位主要负责人未履行法定安全生产管理职责，导致发生较大生产安全事故的，处上一年年收入百分之六十的罚款。

15. 错误

【解析】根据《中华人民共和国安全生产法》第一百一十条的规定，生产经营单位的主要负责人在本单位发生生产安全事故时，不立即组织抢救或者在事故调查处理期间擅离职守或者逃匿的，给予降级、撤职的处分，并由应急管理部门处上一年年收入百分之六十至百分之一百的罚款；对逃匿的处15日以下拘留；

构成犯罪的,依照刑法有关规定追究刑事责任。

16. 正确

【解析】根据《中华人民共和国安全生产法》第九十四条的规定,生产经营单位的主要负责人未履行法定安全生产管理职责的,责令限期改正,处 2 万元以上 5 万元以下的罚款;逾期未改正的,处 5 万元以上 10 万元以下的罚款,责令生产经营单位停产停业整顿。

生产经营单位的主要负责人因未履行法定安全生产管理职责,导致发生生产安全事故的,给予撤职处分;构成犯罪的,依照刑法有关规定追究刑事责任。生产经营单位的主要负责人因未履行法定安全生产管理职责受刑事处罚或者撤职处分的,自刑罚执行完毕或者受处分之日起,5 年内不得担任任何生产经营单位的主要负责人;对重大、特别重大生产安全事故负有责任的,终身不得担任本行业生产经营单位的主要负责人。

17. 正确

【解析】根据《关于加强化工过程安全管理的指导意见》(安监总管三〔2013〕88 号)第(二十)条的规定,企业要建立承包商安全管理制度,将承包商在本企业发生的事故纳入企业事故管理。

18. 正确

【解析】根据《关于加强化工过程安全管理的指导意见》(安监总管三〔2013〕88 号)第(二十)条的规定,严格承包商管理制度。企业选择承包商时,要严格审查承包商有关资质,定期评估承包商安全生产业绩,及时淘汰业绩差的承包商。

19. 正确

【解析】根据《关于加强化工过程安全管理的指导意见》(安监总管三〔2013〕88 号)第(二十)条的规定,企业要对承包商作业人员进行严格的入厂安全培训教育,经考核合格的方可凭证入厂,禁止未经安全培训教育的承包商作业人员入厂。企业要妥善保存承包商作业人员安全培训教育记录。

20. 错误

【解析】根据《关于加强化工过程安全管理的指导意见》(安监总管三

〔2013〕88号）第（二十二）条的规定，实施变更前，企业要组织专业人员进行检查，确保变更具备安全条件；明确受变更影响的本企业人员和承包商作业人员，并对其进行相应的培训。

21. 错误

【解析】根据《危险化学品企业重大危险源安全包保责任制办法（试行）》第五条的规定，涉及重大危险源场所作业的承包商入厂必须由重大危险源技术负责人组织对其进行资格审查和业绩审查。

22. 错误

【解析】根据《危险化学品企业重大危险源安全包保责任制办法（试行）》第十一条的规定，各级应急管理部门、危险化学品企业应当结合安全生产标准化建设、风险分级管控和隐患排查治理体系建设，运用信息化工具，加强重大危险源安全管理。

23. 正确

【解析】根据《关于加强化工过程安全管理的指导意见》（安监总管三〔2013〕88号）第（八）条的规定，操作规程应及时反映安全生产信息、安全要求和注意事项的变化。企业每年要对操作规程的适应性和有效性进行确认，至少每3年要对操作规程进行审核修订；当工艺技术、设备发生重大变更时，要及时审核修订操作规程。

24. 正确

【解析】根据《危险化学品企业重大危险源安全包保责任制办法（试行）》第五条的规定，重大危险源技术负责人从技术管理层面对重大危险源实行安全包保，包括6个方面的安全职责。

25. 正确

【解析】根据《危险化学品安全管理条例》第二十三条的规定，生产、储存剧毒化学品、易制爆危险化学品的单位，应当设置治安保卫机构，配备专职治安保卫人员。

26. 正确

【解析】根据《中华人民共和国安全生产法》第一百零一条的规定，生产经营单位动火作业未安排专门人员进行现场安全管理,责令限期改正,处 10 万元以下的罚款;逾期未改正的,责令停产停业整顿,并处 10 万元以上 20 万元以下的罚款。

## 第三节　人员配备与培训管理

## 习　　题

一、单项选择题

1. 下列关于危险化学品企业重大危险源操作负责人配备的表述,正确的是(　　)。

　　A. 由危险化学品企业层面技术负责人担任

　　B. 由危险化学品企业层面生产负责人担任

　　C. 由车间主任担任

　　D. 由危险化学品企业的主要负责人担任

2. 在重大危险源场所从事气瓶充装的特种设备作业人员,应按照《中华人民共和国特种设备安全法》要求,取得(　　),方可从事相关作业。

　　A. 特种设备作业操作证

　　B. 特种作业操作证

　　C. 监测人员证

　　D. 特殊作业证

3. 下列关于危险化学品企业主要负责人培训学时的表述,正确的是(　　)。

　　A. 初次安全培训时间不得少于 24 学时

　　B. 初次安全培训时间不得少于 48 学时

　　C. 每年再培训时间不得少于 20 学时

D. 每年再培训时间不得少于8学时

4. 根据《生产经营单位安全培训规定》，下列关于生产经营单位安全培训的表述，错误的是（    ）。

　　A. 从业人员在本生产经营单位内调整工作岗位，应当重新接受车间（工段、区、队）和班组级的安全培训

　　B. 从业人员离岗1年以上重新上岗时，应当重新接受车间（工段、区、队）和班组级的安全培训

　　C. 生产经营单位采用新工艺、新技术、新材料或者使用新设备时，应当对有关从业人员重新进行有针对性的安全培训

　　D. 从业人员离岗半年以上重新上岗时，应当重新接受车间（工段、区、队）和班组级的安全培训

5. 下列关于《生产经营单位安全培训规定》对生产经营单位安全培训的职责的表述，正确的是（    ）。

　　A. 生产经营单位必须自主培训

　　B. 具备安全培训条件的生产经营单位，应当以自主培训为主

　　C. 生产经营单位不可以委托具备安全培训条件的机构，对从业人员进行安全培训

　　D. 生产经营单位委托培训机构进行安全培训的，保证安全培训的责任由培训机构负责

6. 下列关于特种作业的表述，错误的是（    ）。

　　A. 特种作业的范围由企业根据生产需要确定

　　B. 特种作业人员是指直接从事特种作业的从业人员

　　C. 特种作业人员的范围实行目录管理，根据安全生产工作的需要适时调整

　　D. 高处作业是指专门或经常在坠落高度基准面2 m及以上有可能坠落的高处进行的作业

7. 根据《特种作业人员安全技术培训考核管理规定》，下列关于特种作业人员安全培训的表述，错误的是（    ）。

A. 特种作业人员应当接受与其所从事的特种作业相应的安全技术理论培训和实际操作培训

B. 对特种作业人员的安全技术培训，具备安全培训条件的生产经营单位应当以自主培训为主

C. 跨省、自治区、直辖市从业的特种作业人员，必须在从业所在地参加培训

D. 跨省、自治区、直辖市从业的特种作业人员，可以在户籍所在地参加培训

8. 下列关于特种作业人员操作证复审的表述，错误的是（　　）。

A. 特种作业操作证每 6 年复审 1 次

B. 特种作业操作证每 3 年复审 1 次

C. 特种作业人员在特种作业操作证有效期内，连续从事本工种 10 年以上，特种作业操作证的复审时间可以延长至每 6 年 1 次

D. 特种作业操作证需要复审的，应当在期满前 60 日内提出申请

9. 离开特种作业岗位（　　）的特种作业人员，应当重新进行实际操作考试，经确认合格后方可上岗作业。

A. 6 个月以上　　B. 3 个月以上　　C. 1 个月以上　　D. 4 个月以上

10. 特种作业人员伪造、涂改特种作业操作证或者使用伪造的特种作业操作证的，应该追究法律责任。下列关于法律责任追究的表述，正确的是（　　）。

A. 警告

B. 警告，并处 1 000 元以上 5 000 元以下的罚款

C. 警告，可以处 1 000 元以上 5 000 元以下的罚款

D. 处 1 000 元以上 5 000 元以下的罚款

11. 新上岗的危险化学品企业从业人员安全培训时间（　　）。

A. 不得少于 72 学时　　　　B. 不得少于 20 学时

C. 不得少于 48 学时　　　　D. 不得少于 16 学时

12. 特种作业人员必须经专门的安全作业培训，取得（　　），方可上岗作业。

A. 毕业证 B. 培训结业证

C. 特种作业操作证 D. 特种设备作业操作证

13. 生产经营单位的特种作业人员未按照规定经专门的安全作业培训并取得相应资格上岗作业的，属于违法行为。下列关于生产经营单位法律责任追究的表述，正确的是（　　）。

　　A. 责令关闭

　　B. 责令停产整顿

　　C. 限期改正，处 10 万元以下的罚款

　　D. 限期改正，处 5 万元以下的罚款

14. 危险化学品生产经营单位从业人员每年再培训的时间（　　）。

　　A. 不得少于 8 学时 B. 不得少于 20 学时

　　C. 不得少于 48 学时 D. 不得少于 16 学时

15. 《危险化学品安全专项整治三年行动实施方案》（安委〔2020〕3 号）对涉及"两重点一重大"生产装置和储存设施的企业人员提出了学历要求，下列人员不符合新入职主管生产、设备、技术、安全负责人条件的是（　　）。

　　A. 甲具备化学工程专业本科学历，3 年工作经验

　　B. 乙具备化学类中等职业教育水平，5 年工作经验

　　C. 丙具备化学类高等职业教育水平，获得化工类高级职称，6 年工作经验

　　D. 丁具备安全工程专业硕士学历，1 年工作经验

16. 《危险化学品安全专项整治三年行动实施方案》（安委〔2020〕3 号）对涉及"两重点一重大"生产装置和储存设施的企业人员提出了学历要求，下列人员不符合新入职主要负责人条件的是（　　）。

　　A. 甲具备安全工程专业本科学历，2 年工作经验

　　B. 乙具备应用化学专业研究生学历，无工作经验

　　C. 丙具备高中学历水平，获得化工类中级职称，10 年工作经验

　　D. 丁具备化学类中等职业教育水平，15 年工作经验

17. 《危险化学品安全专项整治三年行动实施方案》（安委〔2020〕3 号）

对涉及"两重点一重大"生产装置和储存设施的企业人员提出了学历要求，下列人员不符合新入职安全生产管理人员条件的是（　　）。

　　A. 甲具备有机化学专业本科学历，1年工作经验

　　B. 乙具备化学类中等职业教育水平，5年工作经验

　　C. 丙具备高中学历，获得化工类中级职称，15年工作经验

　　D. 丁具备安全工程专业大专学历，1年工作经验

18. 《危险化学品安全专项整治三年行动实施方案》（安委〔2020〕3号）对涉及"两重点一重大"生产装置和储存设施的企业人员提出了学历要求，下列人员不符合新入职涉及重大危险源的操作人员条件的是（　　）。

　　A. 甲具备高中学历，6年工作经验

　　B. 乙具备初中学历，10年工作经验

　　C. 丙具备化学类中等职业教育水平，8年工作经验

　　D. 丁具备高中学历，获得化工类中级职称，10年工作经验

19. 下列关于安全生产管理人员法定职责的表述，正确的是（　　）。

　　A. 建立健全并落实本单位全员安全生产责任制

　　B. 组织建立并落实安全风险分级管控和隐患排查治理双重预防工作机制

　　C. 组织制定并实施重大危险源生产安全事故应急救援预案

　　D. 组织开展危险源辨识和评估，督促落实本单位重大危险源的安全管理措施

20. 特种作业人员的安全技术培训、考核、发证、复审工作实行统一监管、分级实施、（　　）的原则。

　　A. 教考分离　　B. 分类审核　　C. 统一审批　　D. 集中管理

21. 根据《危险化学品企业特殊作业安全规范》（GB 30871—2022），下列不属于危险化学品企业特殊作业的是（　　）。

　　A. 高处作业　　　　　　　　B. 断路作业

　　C. 清理办公楼楼梯间　　　　D. 进入储罐实施清理作业

22. 生产经营单位进行动火、吊装、临时用电作业等危险作业，未安排专门人员进行现场安全管理的行为属于违法行为。下列关于生产经营单位此类违法行

为的处罚,合法的是(　　)。

　　A. 责令关闭

　　B. 责令停产整顿

　　C. 限期改正,并处 10 万元以上 50 万元以下的罚款

　　D. 对其直接负责的主管人员和其他直接责任人员处 2 万元以上 5 万元以下的罚款

23. 下列关于重大危险源企业特种作业人员培训要求的表述,正确的是(　　)。

　　A. 特种作业人员,应当接受与其所从事的特种作业相应的安全技术理论培训和实际操作培训

　　B. 特种作业人员初训时间为 48 学时

　　C. 离开特种作业岗位 3 个月以上的特种作业人员,应当重新进行实际操作考试

　　D. 特种作业人员复审培训时间不少于 20 学时

24. 下列关于特种作业人员取证要求的表述,错误的是(　　)。

　　A. 年满 20 周岁,且不超过国家法定退休年龄

　　B. 社区或县级以上医疗机构体检健康合格

　　C. 具备必要的安全技术知识与技能

　　D. 初中及以上文化程度

25. 某工人在其特种作业操作证有效期内,连续在低压电工岗位工作 11 年,从未发生过违章。该工人的特种作业操作证经考核发证机关同意,复审时间可以延长至(　　)。

　　A. 每 3 年 1 次　　　　　　　B. 每 5 年 1 次

　　C. 每 6 年 1 次　　　　　　　D. 每 10 年 1 次

26. 下列关于安全培训要求的表述,错误的是(　　)。

　　A. 危险化学品生产经营单位新上岗的从业人员安全培训时间不得少于 72 学时

　　B. 危险化学品生产经营单位新上岗的从业人员每年再培训时间不得少于

20 学时

C. 特种作业人员必须取得特种作业操作资格证方可上岗作业

D. 危险化学品生产经营单位新上岗的从业人员每年再培训时间不得少于 8 学时

27. 下列不属于特种作业类别的是（　　）。

A. 高处作业　　　　　　　B. 电工作业

C. 危险化学品安全作业　　D. 高温作业

28. 生产经营单位应当对从业人员进行安全生产教育和培训。下列关于从业人员安全生产教育和培训要求的表述，错误的是（　　）。

A. 从业人员应具备必要的安全生产知识

B. 从业人员要熟悉有关的安全生产规章制度和安全操作规程

C. 从业人员要了解事故应急处理措施

D. 危险化学品企业新工人上岗前应完成 48 学时的培训

29. 生产经营单位未按照有关规定对从业人员进行安全生产教育和培训的，应该承担法律责任。下列关于该法律责任追究的表述，正确的是（　　）。

A. 责令关闭

B. 责令停产整顿

C. 责令限期改正，处 10 万元以下的罚款

D. 对其直接负责的主管人员和其他直接责任人员处 5 万元以上的罚款

## 二、多项选择题

1. 危险化学品企业未如实记录安全生产教育和培训情况，由负有安全生产监督管理职责的部门追究其法律责任。下列关于该法律责任追究的表述，正确的是（　　）。

A. 责令限期改正，处 10 万元以下的罚款

B. 逾期未改正的，责令停产停业整顿，并处 10 万元以上 20 万元以下的罚款

C. 对其直接负责的主管人员处 2 万元以上 5 万元以下的罚款

D. 对其他直接责任人员处 2 万元以上 5 万元以下的罚款

2. 下列关于危险化学品企业主要负责人培训学时要求的表述，正确的是（   ）。

  A. 初次安全培训时间不得少于 24 学时

  B. 初次安全培训时间不得少于 48 学时

  C. 每年再培训时间不得少于 16 学时

  D. 每年再培训时间不得少于 8 学时

3. 生产经营单位应当建立安全生产教育和培训档案，如实记录安全生产教育和培训的（   ）等情况。

  A. 时间   B. 内容   C. 参加人员   D. 考核结果

4. 在涉及重大危险源场所从事特种作业的人员，应按照《特种作业人员安全技术培训考核管理规定》，取得相应资格，方可上岗作业。下列需要取得相应资格的作业是（   ）。

  A. 电工作业      B. 高处作业

  C. 加氢工艺作业     D. 硝化工艺作业

5. 特种作业人员伪造、涂改特种作业操作证或者使用伪造的特种作业操作证的，应该追究法律责任。下列关于该法律责任追究的表述，错误的是（   ）。

  A. 责令限期改正

  B. 警告，并处 1 000 元以上 5 000 元以下的罚款

  C. 警告，并处 5 000 元以上 10 000 元以下的罚款

  D. 责令停产整顿

### 三、判断题

1. 在涉及重大危险源场所从事特种作业的人员，应按照《特种作业人员安全技术培训考核管理规定》的要求，取得相应的资格，方可从事相关工作。

（   ）

2. 涉及重大危险源场所的专职安全管理人员，应取得安全管理人员安全管理知识和能力培训合格证书。（   ）

3. 生产经营单位应当对从业人员进行安全生产教育和培训，保证从业人员具备必要的安全生产知识。（　　）

4. 生产经营单位使用被派遣劳动者的，应当将被派遣劳动者纳入本单位从业人员统一管理，对被派遣劳动者进行岗位安全操作规程和安全操作技能的教育和培训。（　　）

5. 对特种作业人员的安全技术培训，必须委托具备安全培训条件的机构进行培训。（　　）

# 参考答案及解析

## 一、单项选择题

1. C

【解析】根据《危险化学品企业重大危险源安全包保责任制办法（试行）》第十五条的规定，重大危险源的操作负责人应当由重大危险源生产单元、储存单元所在车间、单位的现场直接管理人员担任，例如车间主任。

2. A

【解析】根据《中华人民共和国特种设备安全法》第十四条的规定，特种设备安全管理人员、检测人员和作业人员应当按照国家有关规定取得相应的资格，方可从事相关工作。

3. B

【解析】根据《生产经营单位安全培训规定》第九条的规定，危险化学品单位主要负责人初次安全培训时间不得少于48学时，每年再培训时间不得少于16学时。

4. D

【解析】根据《生产经营单位安全培训规定》第十七条的规定，从业人员在本生产经营单位内调整工作岗位或离岗1年以上重新上岗时，应当重新接受车间（工段、区、队）和班组级的安全培训。生产经营单位采用新工艺、新技术、新材料或者使用新设备时，应当对有关从业人员重新进行有针对性的安全培训。

5. B

【解析】根据《生产经营单位安全培训规定》第二十条的规定，具备安全培训条件的生产经营单位，应当以自主培训为主；可以委托具备安全培训条件的机构，对从业人员进行安全培训。不具备安全培训条件的生产经营单位，应当委托具备安全培训条件的机构，对从业人员进行安全培训。生产经营单位委托其他机构进行安全培训的，保证安全培训的责任仍由本单位负责。

6. A

【解析】根据《特种作业人员安全技术培训考核管理规定》的规定，特种作业的范围由特种作业目录规定。特种作业人员的范围实行目录管理，根据安全生产工作的需要适时调整。

7. C

【解析】根据《特种作业人员安全技术培训考核管理规定》第九条的规定，特种作业人员应当接受与其所从事的特种作业相应的安全技术理论培训和实际操作培训。跨省、自治区、直辖市从业的特种作业人员，可以在户籍所在地或者从业所在地参加培训。对特种作业人员的安全技术培训，具备安全培训条件的生产经营单位应当以自主培训为主，也可以委托具备安全培训条件的机构进行培训。生产经营单位委托其他机构进行特种作业人员安全技术培训的，保证安全技术培训的责任仍由本单位负责。

8. A

【解析】根据《特种作业人员安全技术培训考核管理规定》第二十一条、第二十二条的规定，特种作业操作证每3年复审1次。特种作业人员在特种作业操作证有效期内，连续从事本工种10年以上，严格遵守有关安全生产法律法规的，经原考核发证机关或者从业所在地考核发证机关同意，特种作业操作证的复审时间可以延长至每6年复审1次。特种作业操作证需要复审的，应当在期满前60日内，向原考核发证机关或者从业所在地考核发证机关提出申请。

9. A

【解析】根据《特种作业人员安全技术培训考核管理规定》第三十二条的规

定，离开特种作业岗位 6 个月以上的特种作业人员，应当重新进行实际操作考试，经确认合格后方可上岗作业。

10. B

【解析】根据《特种作业人员安全技术培训考核管理规定》第四十一条的规定，特种作业人员伪造、涂改特种作业操作证或者使用伪造的特种作业操作证的，给予警告，并处 1 000 元以上 5 000 元以下的罚款。

11. A

【解析】根据《生产经营单位安全培训规定》第十三条的规定，危险化学品生产经营单位新上岗的从业人员安全培训时间不得少于 72 学时，每年接受再培训的时间不得少于 20 学时。

12. C

【解析】根据《中华人民共和国安全生产法》第三十条的规定，生产经营单位的特种作业人员必须按照国家有关规定经专门的安全作业培训，取得相应资格，方可上岗作业。

13. C

【解析】根据《中华人民共和国安全生产法》第九十七条规定，生产经营单位的特种作业人员未按照规定经专门的安全作业培训并取得相应资格的，责令生产经营单位限期改正，处 10 万元以下的罚款；逾期未改正的，责令停产停业整顿，并处 10 万元以上 20 万元以下的罚款，对其直接负责的主管人员和其他直接责任人员处 2 万元以上 5 万元以下的罚款。

14. B

【解析】根据《生产经营单位安全培训规定》第十三条的规定，危险化学品生产经营单位新上岗的从业人员安全培训时间不得少于 72 学时，每年再培训的时间不得少于 20 学时。

15. B

【解析】根据《危险化学品安全专项整治三年行动实施方案》附件 3 的规定，对涉及"两重点一重大"生产装置和储存设施的企业，新入职的主管生产、设备、技术、安全的负责人必须具备化学、化工、安全等相关专业大专及以上学历或化工类中级及以上职称。

16. D

【解析】根据《危险化学品安全专项整治三年行动实施方案》附件 3 的规定，对涉及"两重点一重大"生产装置和储存设施的企业，新入职的主要负责人必须具备化学、化工、安全等相关专业大专及以上学历或化工类中级及以上职称。

17. B

【解析】根据《危险化学品安全专项整治三年行动实施方案》附件 3 的规定，对涉及"两重点一重大"生产装置和储存设施的企业，新入职的安全生产管理人员必须具备化学、化工、安全等相关专业大专及以上学历或化工类中级及以上职称。

18. B

【解析】根据《危险化学品安全专项整治三年行动实施方案》附件 3 的规定，对涉及"两重点一重大"生产装置和储存设施的企业，新入职的涉及重大危险源的操作人员必须具备高中及以上学历或化工类中等及以上职业教育水平。

19. D

【解析】根据《中华人民共和国安全生产法》第二十五条的规定，生产经营单位的安全生产管理机构以及安全生产管理人员履行下列职责：

（1）组织或者参与拟订本单位安全生产规章制度、操作规程和生产安全事故应急救援预案。

（2）组织或者参与本单位安全生产教育和培训，如实记录安全生产教育和培训情况。

（3）组织开展危险源辨识和评估，督促落实本单位重大危险源的安全管理措施。

（4）组织或者参与本单位应急救援演练。

（5）检查本单位的安全生产状况，及时排查生产安全事故隐患，提出改进安全生产管理的建议。

（6）制止和纠正违章指挥、强令冒险作业、违反操作规程的行为。

第二章 重大危险源安全生产管理 117

（7）督促落实本单位安全生产整改措施。

20. A

【解析】根据《特种作业人员安全技术培训考核管理规定》第六条的规定，特种作业人员的安全技术培训、考核、发证、复审工作实行统一监管、分级实施、教考分离的原则。

21. C

【解析】根据《危险化学品企业特殊作业安全规范》（GB 30871—2022），危险化学品企业特殊作业包括动火作业、盲板抽堵作业、临时用电作业、动土作业、高处作业、断路作业、受限空间作业、吊装作业八大类。办公楼楼梯间不属于受限空间，所以清理办公楼楼梯间不属于特殊作业。

22. D

【解析】根据《中华人民共和国安全生产法》第一百零一条的规定，生产经营单位进行爆破、吊装动火、临时用电以及国务院应急管理部门会同国务院有关部门规定的其他危险作业，未安排专门人员进行现场安全管理的，责令限期改正，处 10 万元以下的罚款；逾期未改正的，责令停产停业整顿，并处 10 万元以上 20 万元以下的罚款，对其直接负责的主管人员和其他直接责任人员处 2 万元以上 5 万元以下的罚款；构成犯罪的，依照刑法有关规定追究刑事责任。

23. A

【解析】根据《特种作业人员安全技术培训考核管理规定》及相关规定，特种作业人员，应当接受与其所从事的特种作业相应的安全技术理论培训和实际操作培训，取得相应工种的特种作业操作资格证书。特种作业人员初训时间为 72 学时，复审培训时间不少于 8 学时。离开特种作业岗位 6 个月以上的特种作业人员，应当重新进行实际操作考试，经确认合格后方可上岗作业。

24. A

【解析】根据《特种作业人员安全技术培训考核管理规定》第四条的规定，特种作业人员取证应满足以下条件：

（1）年满 18 周岁，且不超过国家法定退休年龄。

（2）经社区或者县级以上医疗机构体检健康合格，并无妨碍从事相应特种作业的器质性心脏病、癫痫病、美尼尔氏症、眩晕症、癔病、震颤麻痹症、精神病、痴呆症以及其他疾病和生理缺陷。

(3) 具有初中及以上文化程度。

(4) 具备必要的安全技术知识与技能。

(5) 相应特种作业规定的其他条件。

25. C

【解析】根据《特种作业人员安全技术培训考核管理规定》第二十一条的规定，特种作业操作证每3年复审1次。特种作业人员在特种作业操作证有效期内，连续从事本工种10年以上，严格遵守有关安全生产法律法规的，经原考核发证机关或者从业所在地考核发证机关同意，特种作业操作证的复审时间可以延长至每6年1次。

26. D

【解析】根据《生产经营单位安全培训规定》第十三条的规定，危险化学品生产经营单位新上岗的从业人员安全培训时间不得少于72学时，每年再培训的时间不得少于20学时。根据《特种作业人员安全技术培训考核管理规定》第五条的规定，特种作业人员必须取得特种作业操作资格证方可上岗作业。

27. D

【解析】根据《特种作业目录》，特种作业包括电工作业、高处作业、焊接与热切割作业、危险化学品安全作业、煤矿安全作业、金属非金属矿山安全作业、石油天然气安全作业、冶金（有色）生产安全作业、制冷与空调作业、烟花爆竹安全作业十大类别。

28. D

【解析】根据《中华人民共和国安全生产法》第二十八条的规定，生产经营单位应当对从业人员进行安全生产教育和培训，保证从业人员具备必要的安全生产知识，熟悉有关的安全生产规章制度和安全操作规程，掌握本岗位的安全操作技能，了解事故应急处理措施，知悉自身在安全生产方面的权利和义务。未经安全生产教育和培训合格的从业人员，不得上岗作业。根据《生产经营单位安全培训规定》第十三条的规定，危险化学品企业新工人上岗前应完成72学时的安全培训。

29. C

【解析】根据《中华人民共和国安全生产法》第九十七条的规定，生产经营单位未按照有关规定对从业人员进行安全生产教育和培训的，责令限期改正，处 10 万元以下的罚款；逾期未改正的，责令停产停业整顿，并处 10 万元以上 20 万元以下的罚款，对其直接负责的主管人员和其他直接责任人员处 2 万元以上 5 万元以下的罚款。

## 二、多项选择题

1. ABCD

【解析】根据《中华人民共和国安全生产法》第九十七条的规定，生产经营单位未如实记录安全生产教育和培训情况，责令限期改正，处 10 万元以下的罚款；逾期未改正的，责令停产停业整顿，并处 10 万元以上 20 万元以下的罚款，对其直接负责的主管人员和其他直接责任人员处 2 万元以上 5 万元以下的罚款。

2. BC

【解析】根据《生产经营单位安全培训规定》第九条的规定，危险化学品企业主要负责人初次安全培训时间不得少于 48 学时，每年再培训时间不得少于 16 学时。

3. ABCD

【解析】根据《中华人民共和国安全生产法》第二十八条的规定，生产经营单位应当建立安全生产教育和培训档案，如实记录安全生产教育和培训的时间、内容、参加人员以及考核结果等情况。

4. ABCD

【解析】根据《特种作业人员安全技术培训考核管理规定》的规定，特种作业人员应当按照国家有关规定取得相应的资格，方可从事相关工作。特种作业工种包括电工作业、高处作业、危险化学品安全作业等十大作业类别，其中危险化学品安全作业具体包括光气及光气化工艺作业、氯碱电解工艺作业、硝化工艺作业、合成氨工艺作业、加氢工艺作业等 16 个小类。

5. ACD

【解析】根据《特种作业人员安全技术培训考核管理规定》第四十一条的规定，特种作业人员伪造、涂改特种作业操作证或者使用伪造的特种作业操作证的，给予警告，并处 1 000 元以上 5 000 元以下的罚款。

### 三、判断题

1. 正确

【解析】根据《特种作业人员安全技术培训考核管理规定》第五条的规定，特种作业人员必须经专门的安全技术培训并考核合格，取得特种作业操作资格证书，方可上岗作业。

2. 正确

【解析】根据《中华人民共和国安全生产法》第二十七条的规定，危险物品的生产、经营、储存、装卸单位以及矿山、金属冶炼、建筑施工、运输单位的主要负责人和安全生产管理人员，应当由主管的负有安全生产监督管理职责的部门对其安全生产知识和管理能力考核合格。

3. 正确

【解析】根据《中华人民共和国安全生产法》第二十八条的规定，生产经营单位应当对从业人员进行安全生产教育和培训，保证从业人员具备必要的安全生产知识，熟悉有关的安全生产规章制度和安全操作规程，掌握本岗位的安全操作技能，了解事故应急处理措施，知悉自身在安全生产方面的权利和义务。

4. 正确

【解析】根据《中华人民共和国安全生产法》第二十八条的规定，生产经营单位使用被派遣劳动者的，应当将被派遣劳动者纳入本单位从业人员统一管理，对被派遣劳动者进行岗位安全操作规程和安全操作技能的教育和培训。

5. 错误

【解析】根据《特种作业人员安全技术培训考核管理规定》第十条的规定，对特种作业人员的安全技术培训，具备安全培训条件的生产经营单位应当以自主培训为主，也可以委托具备安全培训条件的机构进行培训。

## 第四节　风险分级管控与隐患排查治理

## 习　题

### 一、单项选择题

1. 根据《中华人民共和国安全生产法》，生产经营单位应构建（　　）机制，健全风险防范化解机制，提高安全生产水平，确保安全生产。

    A. 安全风险分级管控

    B. 安全风险分级管控和隐患排查治理双重预防

    C. 隐患排查治理

    D. 安全培训教育

2. 安全风险分级管控和隐患排查治理是（　　）的关系。

    A. 相互独立　　B. 相互包含　　C. 递进　　D. 并列

3. 原始风险可以理解为风险点（单元、设备设施、作业活动等）因其（　　）而潜在的风险。

    A. 装置风险　　　　　　B. 化学品风险

    C. 固有危险性　　　　　D. 职业病危害因素

4. （　　）风险的大小是随着隐患的产生与治理而动态变化的。

    A. 原始　　B. 现有　　C. 重大　　D. 较大

5. 工作危害分析法（JHA）主要针对重大危险源（　　）来辨识危险源和评价风险大小。

    A. 设备设施　　B. 单元　　C. 作业活动　　D. 工艺操作

6. 安全检查表法（SCL）主要针对重大危险源（　　）来辨识危险源和评价风险大小。

    A. 设备设施　　B. 作业活动　　C. 工艺操作　　D. 日常巡检

7. 对于原始风险要采用（　　）的方式进行管控。

　　A. 隐患排查治理　　　　　　　B. 日常运行控制

　　C. 风险消减措施　　　　　　　D. 应急措施

8. 下列关于风险的表述，正确的是（　　）。

　　A. 风险是静态的

　　B. 风险就是隐患

　　C. 风险管控不到位就形成事故隐患

　　D. 风险都是可接受的

9. 风险分为可接受风险和不可接受风险两种，风险管控的目的就是（　　）。

　　A. 将可接受风险变成不可接受风险

　　B. 将不可接受风险变成可接受风险

　　C. 将不可接受风险和可接受风险全部消除

　　D. 不可接受风险和可接受风险共存

10. 故障类型和影响分析法（FMEA）多用于（　　）分析。

　　A. 作业活动　　　　　　　　　B. 安全设施合规性

　　C. 事故后果　　　　　　　　　D. 机电设备产品的故障影响

11. 涉及重大危险源的生产及储存装置，应定期采用（　　）进行风险分析。

　　A. 危险与可操作性分析法（HAZOP）

　　B. 工作危害分析法（JHA）

　　C. 安全检查表法（SCL）

　　D. 定量风险评估法（QRA）

12. 按事故发展的时间顺序由初始事件开始推论可能的后果，从而进行危险源辨识的方法属于（　　）。

　　A. 事故树分析法　　　　　　　B. 事件树分析法

　　C. 事故后果分析法　　　　　　D. 危险与可操作性分析法

13. 企业应根据风险评估的结果，针对风险特点，从组织、制度、技术、应急等方面对风险进行管控，对风险分级、分层、分类、分专业进行管理，落实企业、车间、班组和（　　）的管控责任。

A. 员工　　　B. 岗位　　　C. 承包商　　　D. 供应商

14. 企业安全生产信息应包括（　　）。

　　A. 化学品危险性信息　　　B. 工艺技术信息

　　C. 设备设施信息　　　　　D. 以上都是

15. 企业要制定化工过程风险管理制度，明确风险辨识范围、方法、频次和责任人，规定风险分析结果应用和改进措施落实的要求，对生产（　　）进行风险辨识分析。

　　A. 全过程　　B. 重点装置　　C. 重点单元　　D. 危险区域

16. 安全仪表系统安全完整性等级为 SIL1~SIL4 共 4 级。石油化工工厂或装置的安全完整性等级最高为（　　）级。

　　A. SIL1　　　B. SIL2　　　C. SIL3　　　D. SIL4

17. 定量风险评价是指对某一装置或作业活动中发生事故的频率和后果严重度进行定量分析，并与（　　）比较的系统方法。

　　A. 国家标准　　　　　　B. 行业标准

　　C. 地方标准　　　　　　D. 可接受风险标准

18. 开展精细化工反应风险评估，主要是对反应的（　　）进行评估。

　　A. 转化率　　B. 速率　　C. 热风险　　D. 吸热性

19. 下列过程危险分析方法中，可用作 SIL 定级使用的是（　　）。

　　A. 安全检查表法（SCL）

　　B. 保护层分析法（LOPA）

　　C. 故障假设分析法（What-if）

　　D. 工作危害分析法（JHA）

## 二、多项选择题

1. 安全风险分级管控一般包括（　　）。

　　A. 危险源辨识　　　　　B. 风险消除

　　C. 风险评价分级　　　　D. 风险管控

2. 根据《关于全面实施危险化学品企业安全风险研判与承诺公告制度的通

知》(应急〔2018〕74号),企业存在(　　)的任一情形时,不得向社会发布安全承诺公告。

  A. 没有建立完善的安全风险研判与承诺公告管理制度

  B. 动火等特殊作业管理措施不符合有关标准要求

  C. 重大隐患没有制定治理措施

  D. 企业当天未组织安全隐患排查

  E. 特殊时段没有带班值班企业负责人

3. 重大危险源的风险分为(　　)两类风险。

  A. 原始风险  B. 重大风险  C. 现有风险  D. 较大风险

4. 对于现有风险中的(　　)一般称为"不可接受风险"。

  A. 重大风险  B. 较大风险  C. 一般风险  D. 低风险

5. 可以用于风险评估的方法有(　　)。

  A. 危险与可操作性分析法  B. 工作危害分析法

  C. 安全检查表法     D. 定量风险分析法

  E. 作业条件分析法

## 三、判断题

1. 原始风险是风险点在考虑现有管控措施的情况下可能潜在的风险。(　　)

2. 现有风险是风险点在现有风险管控措施的基础上仍然潜在的风险。(　　)

3. 风险就是隐患,整改隐患就是消除风险。(　　)

4. 危险化学品企业日常排查是指基层单位班组、岗位员工的交接班检查和班中巡回检查,以及基层单位(厂)管理人员和各专业技术人员的日常性检查。(　　)

5. 开展危险与可操作性分析法(HAZOP),应广泛邀请生产管理、工艺、设备、电气、仪表、安全、设计等各专业人员参加。(　　)

# 参考答案及解析

## 一、单项选择题

1. B

【解析】根据《中华人民共和国安全生产法》第四条的规定,生产经营单位必须遵守该法和其他有关安全生产的法律、法规,加强安全生产管理,建立健全全员安全生产责任制和安全生产规章制度,加大对安全生产资金、物资、技术、人员的投入保障力度,改善安全生产条件,加强安全生产标准化、信息化建设,构建安全风险分级管控和隐患排查治理双重预防机制,健全风险防范化解机制,提高安全生产水平,确保安全生产。

2. B

【解析】安全风险分级管控和隐患排查治理是相互包含的关系,隐患排查治理包含于风险分级管控中。

3. C

【解析】原始风险可以理解为风险点(单元、设备设施、作业活动等)因其固有危险性(涉及危险物质、能量或其他情况)而潜在的风险。

4. B

【解析】现有风险的大小是随着隐患的产生与治理而动态变化的。

5. C

【解析】针对重大危险源作业活动,可采用工作危害分析法(JHA)来辨识危险源和评价风险大小。

6. A

【解析】针对重大危险源设备设施,可采用安全检查表法(SCL)来辨识危险源和评价风险大小。

7. B

【解析】对于原始风险要采用日常运行控制的方式进行管控。日常运行控制是指在日常工作中，保证风险点的各种管控措施随时处于完好的状态，具体内容包括：对设备设施及安全附件、安全设施的定期检验、检查，管理制度、操作规程的及时更新及培训，人员防护，应急管理等。

8. C

【解析】根据《危险化学品企业安全风险隐患排查治理导则》，对安全风险所采取的管控措施存在缺陷或缺失时就形成事故隐患。

9. B

【解析】风险分为可接受风险和不可接受风险两种，风险管控的目的就是将不可接受风险变成可接受风险。

10. D

【解析】故障类型和影响分析法（FMEA）是通过对系统的各组成部分、元素进行分析，找出可能发生的故障及其类型，查明各种类型故障对邻近部分或元素的影响以及最终对系统的影响。此方法多用于机电设备产品的故障对整个系统的影响分析。

11. A

【解析】根据《危险化学品企业安全风险隐患排查治理导则》第3.2.3条的规定，企业应对涉及"两重点一重大"的生产、储存装置定期开展危险与可操作性分析（HAZOP）。

12. B

【解析】事件树分析法是安全系统工程中常用的一种归纳推理分析方法，是一种按事故发展的时间顺序由初始事件开始推论可能的后果，从而进行危险源辨识的方法。

13. B

【解析】根据《国务院安委会办公室关于实施遏制重特大事故工作指南构建双重预防机制的意见》的规定，要对安全风险分级、分层、分类、分专业进行管理，逐一落实企业、车间、班组和岗位的管控责任，尤其要强化对重大危险源和存在重大安全风险的生产经营系统、生产区域、岗位的重点管控。

14. D

【解析】根据《关于加强化工过程安全管理的指导意见》（安监总管三〔2013〕88号）第（二）条的规定，安全生产信息包括化学品危险性信息、工艺技术信息、设备设施信息、行业经验、事故教训等。

15. A

【解析】根据《关于加强化工过程安全管理的指导意见》（安监总管三〔2013〕88号）第（五）条的规定，企业要制定化工过程风险管理制度，明确风险辨识范围、方法、频次和责任人，规定风险分析结果应用和改进措施落实的要求，对生产全过程进行风险辨识分析。

16. C

【解析】根据《石油化工安全仪表系统设计规范》（GB 50770—2013）第4.1.2条的规定，安全仪表系统安全完整性等级为SIL1～SIL4共4级。石油化工工厂或装置的安全完整性等级最高为SIL3级。

17. D

【解析】定量风险评价是指对某一装置或作业活动中发生事故的频率和后果严重度进行定量分析，并与可接受风险标准比较的系统方法。可接受风险标准是根据国内外和行业情况及特点，总结出目前可以被人们普遍接受的风险标准，这一标准会随着社会发展和科技进步发生改变。

18. C

【解析】精细化工生产的主要安全风险来自工艺反应的热风险。开展评估就是根据反应热、绝热温升等参数评估反应的危险等级，根据最大反应速率到达时间等参数评估反应失控的可能性，结合相关反应温度参数进行多因素危险评估，确定工艺反应危险等级。

19. B

【解析】保护层分析法（LOPA）作为一种半定量风险分析方法，可用于SIL定级使用。其他三种方法均为定性分析法。

二、多项选择题

1. ACD

【解析】安全风险分级管控，包括危险源辨识、风险评价分级、风险管控。

2. ABCE

【解析】根据《关于全面实施危险化学品企业安全风险研判与承诺公告制度的通知》（应急〔2018〕74号）第五条的规定，企业存在下列情形之一的，不得向社会发布安全承诺公告：

（1）没有建立完善的安全风险研判与承诺公告管理制度，相关职责没有层层落实的。

（2）重大隐患没有制定治理措施的。

（3）动火等特殊作业管理措施不符合有关标准要求的，当天对重点装置、罐区以及动火等特殊作业没有进行安全风险研判和采取有效控制措施的。

（4）特殊时段没有带班值班企业负责人的。

3. AC

【解析】重大危险源的风险分为两类进行管理：原始风险与现有风险。

4. AB

【解析】根据《国务院安委会办公室关于实施遏制重特大事故工作指南构建双重预防机制的意见》的规定，对于现有风险中的重大、较大风险，一般称为"不可接受风险"。

5. ABCDE

【解析】根据《危险化学品企业安全风险隐患排查治理导则》第2.3条的规定，企业应充分利用安全检查表法、工作危害分析法、故障类型和影响分析法、危险与可操作性分析法、定量风险分析法、作业条件分析法等安全风险分析方法，或多种方法的组合，分析生产过程中存在的安全风险。

### 三、判断题

1. 错误

【解析】原始风险可以理解为风险点（单元、设备设施、作业活动等）因其固有危险性（涉及危险物质、能量或其他情况）而潜在的风险，或者理解为在不考虑现有管控措施而只考虑固有危险性的情况下，风险点可能潜在的风险。

2. 正确

【解析】现有风险是风险点在现有风险管控措施的基础上仍然潜在的风险。

3. 错误

【解析】根据《危险化学品企业安全风险隐患排查治理导则》的规定，对安全风险所采取的管控措施存在缺陷或缺失时就形成事故隐患，风险包括固有风险和现实风险，其中固有风险是无法消除的。

4. 正确

【解析】根据《危险化学品企业安全风险隐患排查治理导则》第3.1.2条的规定，日常排查是指基层单位班组、岗位员工的交接班检查和班中巡回检查，以及基层单位（厂）管理人员和各专业技术人员的日常性检查。

5. 正确

【解析】开展危险与可操作性分析法（HAZOP），应由生产管理、工艺、设备、电气、仪表、安全等各专业人员参加，运用"头脑风暴"，充分发挥各专业人员的集体智慧。

# 第五节　重大危险源设备设施及监测预警管理

## 习　题

### 一、单项选择题

1. 根据《危险化学品重大危险源监督管理暂行规定》，涉及毒性气体、液化气体、剧毒液体的一级或者二级重大危险源，应配备（　　）。

　　A. 集散控制系统（DCS）　　B. 紧急停车系统（ESD）
　　C. 可编程逻辑控制器（PLC）　　D. 独立的安全仪表系统（SIS）

2. 根据《石油化工企业设计防火标准（2018年版）》（GB 50160—2008），构成一、二级重大危险源的液化烃储罐应设液位计、温度计、压力表、安全阀，以及高液位报警和高高液位（　　）措施。

　　A. 联锁装置停车　　　　　　B. 自动联锁切断进料

　　C. 消防报警　　　　　　　　D. 声光报警

3. 根据《石油化工企业设计防火标准（2018年版）》（GB 50160—2008），离心式可燃气体压缩机和可燃液体泵应在其出口管道上安装（　　）。

　　A. 爆破片　　B. 调节阀　　C. 止回阀　　D. 安全阀

4. 根据《石油化工企业设计防火标准（2018年版）》（GB 50160—2008），在较高浓度环氧乙烷设备的安全阀前设爆破片，且要求爆破片入口管道设氮封的目的是防止（　　）。

　　A. 环氧乙烷泄漏　　　　　　B. 环氧乙烷自聚堵塞管道

　　C. 空气进入储罐　　　　　　D. 环氧乙烷爆炸

5. （　　）是在生产经营活动中用于预防、控制、减少与消除事故影响采用的设备、设施、装备及其他技术措施的总称。

　　A. 安全设施　　B. 安全附件　　C. 应急设备　　D. 生产装置

6. 安全设施分为预防事故设施、（　　）、减少与消除事故影响设施3类。

　　A. 生产保护设施　　　　　　B. 消除事故设施

　　C. 人员保护设施　　　　　　D. 控制事故设施

7. 爆破片、放空管、止逆阀、真空系统的密封设施等，均属于（　　）。

　　A. 防爆设施　　　　　　　　B. 泄压和止逆设施

　　C. 生产设施　　　　　　　　D. 紧急处理设施

8. 按照设备设施作用特点来分，可以将减少与消除火灾事故影响设施分为防止火灾蔓延设施、灭火设施、紧急个体处置设施、（　　）、逃生避难设施、劳动防护用品和装备。

　　A. 防爆设施　　　　　　　　B. 作业场所防护设施

　　C. 应急救援设施　　　　　　D. 工艺保护设施

9. 在化工建设项目中，（　　）选用带有试用性质的安全设施。

　　A. 不得　　　　　　　　　　B. 可以根据需要适当部分

　　C. 可以　　　　　　　　　　D. 可以按设计

10. 防爆场所选用的安全设施,应取得（　　）发放的防爆许可证,并达到安装、使用场所的防爆等级要求。

　　A. 应急管理部门　　　　　　B. 行业组织

　　C. 国家指定的防爆检验机构　　D. 市场监督管理部门

11. 立式圆筒形钢制油罐主要有立式拱顶罐、外浮顶罐、（　　）。

　　A. 固定顶罐　　B. 浮顶罐　　C. 浮盘罐　　D. 内浮顶罐

12. 立式拱顶罐由带弧形的罐顶、圆筒形罐壁及平罐底组成。由于罐顶以下的（　　）空间大,油品的蒸发损耗会加大。

　　A. 气相　　　B. 液相　　　C. 固相　　　D. 两相

13. 浮顶罐是带有浮顶、上部敞口的立式圆筒形罐,它利用浮顶把液面和大气隔开,因而大大减少了化学品的蒸发损耗。根据上述特点,浮顶罐不能用来储存（　　）。

　　A. 原油　　　B. 汽油　　　C. 甲醇　　　D. 液化气

14. 浮顶罐是敞口容器,为使储罐在风载作用下保持其圆度,不致使罐壁出现局部失稳,常在浮顶罐罐壁的顶圈设置（　　）。

　　A. 抗风圈　　B. 踏步　　　C. 走道　　　D. 防护栏

15. 下列不能使用内浮顶罐进行储存的是（　　）。

　　A. 甲基叔丁基醚（MTBE）　　B. 石脑油

　　C. 甲醇　　　　　　　　　　D. 乙烯

16. 《固定式压力容器安全技术监察规程》（TSG 21—2016）适用于工作压力大于或者等于0.1 MPa的压力容器,这里的工作压力是指（　　）。

　　A. 在正常工作情况下,压力容器底部可能达到的最高压力（表压力）

　　B. 在工作情况下,压力容器底部可能达到的最高压力（表压力）

　　C. 在正常工作情况下,压力容器顶部可能达到的最高压力（表压力）

　　D. 在工作情况下,压力容器顶部可能达到的最高压力（表压力）

17. 根据《固定式压力容器安全技术监察规程》（TSG 21—2016）,将压力容器作为简单压力容器进行管理时应具备的条件之一是设计压力小于或者等于（　　）MPa。

A. 2.5　　　　B. 2.0　　　　C. 1.8　　　　D. 1.6

18. 根据《固定式压力容器安全技术监察规程》(TSG 21—2016)，在压力容器介质分组中，高度危害的介质最高容许浓度的范围为（　　）mg/m³。

A. 0.1~1　　　B. 0.5~0.15　　C. 1~1.5　　　D. 1.5~2

19. 根据《固定式压力容器安全技术监察规程》(TSG 21—2016)，压力容器使用单位应当按照规定在压力容器投入使用前或者投入使用后（　　）日内，向所在地负责特种设备使用登记的部门申请办理《特种设备使用登记证》。

A. 20　　　　B. 15　　　　C. 30　　　　D. 45

20. 根据《固定式压力容器安全技术监察规程》(TSG 21—2016)，进口压力容器安全状况等级由（　　）评定。

A. 县级专门负责进口压力容器检验的特种设备检验机构
B. 市级专门负责进口压力容器检验的特种设备检验机构
C. 省级专门负责进口压力容器检验的特种设备检验机构
D. 实施进口压力容器监督检验的特种设备检验机构

21. 根据《固定式压力容器安全技术监察规程》(TSG 21—2016)，特殊情况下，压力容器需要延长首次定期检验日期时，由使用单位提出书面申请说明情况，经使用单位安全管理负责人批准，延长期限不得超过（　　）年。

A. 1　　　　　B. 2　　　　　C. 3　　　　　D. 4

22. 根据《固定式压力容器安全技术监察规程》(TSG 21—2016)，金属压力容器一般于投用后（　　）年内进行首次定期检验。以后的检验周期由检验机构根据压力容器的安全状况等级，按照有关要求确定。

A. 1　　　　　B. 2　　　　　C. 3　　　　　D. 4

23. 根据《常压储罐完整性管理》(GB/T 37327—2019)，常压储罐用呼吸阀每（　　）年至少进行一次检验。

A. 1　　　　　B. 2　　　　　C. 3　　　　　D. 4

24. 根据《常压储罐完整性管理》(GB/T 37327—2019)，常压储罐一般于投用后（　　）年进行首次完整性评价。

A. 1~2　　　　B. 3~6　　　　C. 4~7　　　　D. 8~10

25. 根据《固定式压力容器安全技术监察规程》（TSG 21—2016），压力容器使用单位每年对所使用的压力容器至少进行（　　）次年度检查。

　　A. 1　　　　B. 2　　　　C. 3　　　　D. 4

26. 根据《立式圆筒形钢制焊接储罐安全技术规程》（AQ 3053—2015），关于储罐的检验周期，当腐蚀速率未知时，可根据类似工况条件下储罐运行经验预测的腐蚀速率来确定；当没有类似储罐的运行经验或数据时，定期检验的周期不得超过（　　）年，大型储罐定期检验的周期不得超过（　　）年。

　　A. 2，3　　　B. 6，4　　　C. 5，3　　　D. 5，4

27. 根据《石油库设计规范》（GB 50074—2014），储罐呼吸阀的排气压力、氮气密封压力、事故泄压设备的开启压力、储罐的设计正压力从大到小的排列顺序是（　　）。

　　A. 事故泄压设备的开启压力、呼吸阀的排气压力、氮气密封压力、储罐的设计正压力

　　B. 呼吸阀的排气压力、氮气密封压力、事故泄压设备的开启压力、储罐的设计正压力

　　C. 储罐的设计正压力、事故泄压设备的开启压力、呼吸阀的排气压力、氮气密封压力

　　D. 事故泄压设备的开启压力、储罐的设计正压力、呼吸阀的排气压力、氮气密封压力

28. 根据《石油化工储运系统罐区设计规范》（SH/T 3007—2014），储罐液位测量远传仪表应设高、低液位报警。高液位报警的设定高度应为储罐的设计储存高液位；低液位报警的设定高度，应满足从报警开始（　　）min 内泵不会汽蚀的要求。

　　A. 5~9　　　B. 10~15　　　C. 16~20　　　D. 21~25

29. 根据《石油化工储运系统罐区设计规范》（SH/T 3007—2014），压力储罐应另设一套专用于高高液位报警并联锁切断储罐进料管道阀门的液位测量仪表或液位开关。高高液位报警的设定高度，不应大于液相体积达到储罐计算容积的（　　）时的高度。

A. 80%  B. 85%  C. 90%  D. 95%

30. 根据《石油化工储运系统罐区设计规范》（SH/T 3007—2014），安全阀排出的气体应排入火炬系统。排入火炬系统确有困难时，除Ⅰ~Ⅲ级有毒气体外，其他可燃气体可直接排入大气，但其排气管口应高出 8 m 范围内储罐罐顶平台（　）m 以上，也可将安全阀排出的气体引至安全地点排放。

A. 2  B. 2.5  C. 3  D. 3.5

31. 根据《石油化工储运系统罐区设计规范》（SH/T 3007—2014），下列关于压力储罐安全阀选型，正确的是（　）。

A. 应选用微启式安全阀　　B. 应选用重锤式安全阀
C. 应选用全启式安全阀　　D. 应选用先导式安全阀

32. 根据《固定式压力容器安全技术监察规程》（TSG 21—2016），下列关于安全阀前截止阀安装状态的表述，正确的是（　）。

A. 如果安全阀和排放口之间装设了截止阀，截止阀应处于开启状态并且铅封完好

B. 如果安全阀和排放口之间装设了截止阀，截止阀应处于全开位置并且铅封完好

C. 如果安全阀和排放口之间装设了截止阀，截止阀应处于关闭位置以防止安全阀内部腐蚀并且铅封完好

D. 如果安全阀和排放口之间装设了截止阀，截止阀应处于不小于50%开度位置并且铅封完好

33. 根据《石油化工储运系统罐区设计规范》（SH/T 3007—2014），压力储罐设置有一个安全阀时，安全阀的开启压力（整定压力）（　）储罐的设计压力。

A. 应小于　　　　　　　　B. 不得大于
C. 最高不超过 105%　　　D. 最高不超过 110%

34. 根据《固定式压力容器安全技术监察规程》（TSG 21—2016），压力容器使用单位应当在压力容器定期检验有效期届满的（　）以前向检验机构申报定期检验。

A. 2 周　　　B. 1 个月　　　C. 45 天　　　D. 60 天

35. 根据《固定式压力容器安全技术监察规程》（TSG 21—2016），下列关于压力容器检验期限要求的表述，正确的是（　　）。

    A. 安全状况等级为 1、2 级的，一般每 6 年检验一次

    B. 安全状况等级为 3 级的，一般每 4~6 年检验一次

    C. 安全状况等级为 4 级的，监控使用，其检验周期由检验机构与应急管理部门共同确定

    D. 安全状况等级为 5 级的，应当及时检验，否则不得继续使用

36. 根据《固定式压力容器安全技术监察规程》（TSG 21—2016），易爆介质是指气体或者液体的蒸气、薄雾与空气混合形成的爆炸混合物，并且其爆炸下限小于（　　），或者爆炸上限和爆炸下限的差值大于或者等于（　　）的介质。

    A. 10%，20%　　　　　　　B. 10%，15%

    C. 15%，20%　　　　　　　D. 10%，25%

37. 根据《工作场所有害因素职业接触限值　第 1 部分：化学有害因素》（GBZ 2.1—2019），化学有害因素的职业接触限值分为时间加权平均容许浓度、短时间接触容许浓度和（　　）3 类。

    A. 长时间接触容许浓度　　　B. 最高容许浓度

    C. 时间当量接触容许浓度　　D. 平均工作时间接触容许浓度

38. 根据《工作场所有害因素职业接触限值　第 1 部分：化学有害因素》（GBZ 2.1—2019），短时间接触容许浓度是指在实际测得的 8 h 工作日、40 h 工作周平均接触浓度遵守时间加权平均容许浓度的前提下，容许劳动者短时间（　　）min 接触的加权平均浓度。

    A. 10　　　B. 60　　　C. 15　　　D. 30

39. 根据《工作场所有害因素职业接触限值　第 1 部分：化学有害因素》（GBZ 2.1—2019），下列不属于化学有害因素控制的优先原则的是（　　）。

    A. 消除替代原则　　　　　　B. 工程控制原则

    C. 重点控制原则　　　　　　D. 个体防护原则

40. 根据《固定式压力容器安全技术监察规程》（TSG 21—2016），压力容器

年度检查项目至少包括压力容器（　　）、压力容器本体及其运行状况和压力容器安全附件检查等。

　　A. 防腐保温情况　　　　　　B. 安全管理情况

　　C. 劳动保护状况　　　　　　D. 防雷防静电设施

41. 根据《固定式压力容器安全技术监察规程》（TSG 21—2016），下列选项中不属于压力容器安全管理情况检查内容的是（　　）。

　　A. 压力容器的安全管理制度是否齐全有效

　　B.《使用登记证》是否与实际相符

　　C.《特种设备使用登记表》是否与实际相符

　　D. 防雷接地设施是否完好

42. 根据《固定式压力容器安全技术监察规程》（TSG 21—2016），安全状况等级为（　　）级的压力容器，检验结论为基本符合要求的应当监控使用。

　　A. 2　　　　B. 3　　　　C. 4　　　　D. 5

43. 根据《固定式压力容器安全技术监察规程》（TSG 21—2016），实施基于风险评估的设备检验技术（RBI）的压力容器，当以压力容器的剩余使用年限为依据确定其检验周期时，检验周期最长不得超过压力容器剩余使用年限的一半，并且不得超过（　　）年。

　　A. 4　　　　B. 6　　　　C. 9　　　　D. 10

44. 根据《固定式压力容器安全技术监察规程》（TSG 21—2016），下列关于压力容器压力表使用及安装要求的表述，错误的是（　　）。

　　A. 压力表表盘刻度极限值应当为工作压力的 1.5~2.0 倍

　　B. 压力表安装前应当进行检定，在刻度盘上应当划出指示工作压力的红线

　　C. 用于蒸汽介质的压力表，在压力表与压力容器之间应当装有存水弯管

　　D. 用于具有腐蚀性或者高黏度介质的压力表，在压力表与压力容器之间应当安装能隔离介质的缓冲装置

45. 根据《压力容器　第1部分：通用要求》（GB 150.1—2011），下列关于安全阀使用场合的表述，不正确的是（　　）。

A. 安全阀可与爆破片组合使用

B. 介质容易结晶时，可单独采用安全阀作为泄放装置

C. 某液体储罐采用公称通径为 15 mm 的安全阀

D. 盛装液化气的球罐采用安全阀作为泄压装置

46. 根据《压力容器 第1部分：通用要求》(GB 150.1—2011)，某压力容器设计压力为 1.8 MPa，采用爆破片和安全阀作为泄压装置，并联安装。下列关于爆破片爆破压力和安全阀整定压力设计的表述，正确的是（　　）。

A. 爆破片爆破压力为 1.8 MPa 和安全阀整定压力为 1.8 MPa

B. 爆破片爆破压力为 1.6 MPa 和安全阀整定压力为 1.8 MPa

C. 爆破片爆破压力为 2.0 MPa 和安全阀整定压力为 1.7 MPa

D. 爆破片爆破压力为 1.85 MPa 和安全阀整定压力为 1.7 MPa

47. 根据《爆破片安全装置 第2部分：应用、选择与安装》(GB 567.2—2012)，在盛装危险介质的压力容器上，经常进行安全阀和爆破片的组合设置。下列关于安全阀和爆破片组合设置的表述，正确的是（　　）。

A. 安全阀和爆破片并联设置时，爆破片的标定爆破压力不得小于容器设计压力

B. 安全阀和爆破片并联设置时，安全阀整定压力应略高于爆破片标定爆破压力

C. 安全阀出口侧串联安装爆破片时，爆破片的泄放面积不应小于安全阀进口面积

D. 安全阀进口侧串联安装爆破片时，爆破片的泄放面积不应大于安全阀进口面积

48. 根据《关于加强化工安全仪表系统管理的指导意见》（安监总管三〔2014〕116号），关于化工安全仪表系统的设计，要在（　　）阶段明确每个安全仪表功能（或子系统）的检验测试周期和测试方法等要求。

A. 详细设计　　　　　　B. 可行性研究

C. 施工验收　　　　　　D. 装置试运行

49. 根据《关于加强化工安全仪表系统管理的指导意见》（安监总管三

〔2014〕116号），安全仪表系统安装调试完成后，在投运前由（　　）组织对安全仪表系统进行审查和联合确认。

  A. 施工单位　　B. 设计单位　　C. 企业　　　　D. 监理单位

50. 根据《危险化学品重大危险源　罐区　现场安全监控装备设置规范》（AQ 3036—2010），危险化学品重大危险源罐区设置的安全监控装备应符合规范要求，其中不包括（　　）。

  A. 摄像头的设置个数和位置，应根据罐区现场的实际情况实现全面覆盖

  B. 摄像头的安装高度应确保可以有效监控到储罐顶部

  C. 监控必须采用360°广角摄像头

  D. 有防爆要求的应使用防爆摄像机或采取防爆措施

51. 根据《压力容器　第1部分：通用要求》（GB 150.1—2011），在下列工艺条件下可不采用爆破片装置的是（　　）。

  A. 生产工艺存在增加分子质量的化学反应，有可能发生爆炸

  B. 生产用物料为剧毒物料

  C. 生产用物料有较强的腐蚀性

  D. 空分装置用氮气储罐

52. 根据《工作场所有害因素职业接触限值　第1部分：化学有害因素》（GBZ 2.1—2019），下列关于最高容许浓度的表述，正确的是（　　）。

  A. 指在工作场所的空气中，5个工作日内的任何时间，均不容许超过的有毒化学物质的浓度

  B. 指在作业场所5 m范围内，1个工作日内的任何时间，均不容许超过的有毒化学物质的浓度

  C. 指在工作场所的空气中，1个工作日内的任何短时间（15 min）内，均不容许超过的有毒化学物质的浓度

  D. 指在1个工作日内、任何时间、工作地点的化学有害因素均不应超过的浓度

53. 根据《危险化学品重大危险源　罐区　现场安全监控装备设置规范》（AQ 3036—2010），重大危险源压力储罐的环境温度监测仪器宜与（　　）联锁

(或者手动)，抑制储罐压力的升高。

  A. 泡沫系统        B. 喷淋水系统

  C. 储罐进料泵出口阀    D. 火灾报警系统

54. 根据《常压立式圆筒形钢制焊接储罐维护检修规程》（SHS 01012—2004），下列不属于固定顶储罐附件检查维护内容的是（   ）。

  A. 泡沫发生器管内有无油气排出

  B. 液压安全阀油封高度是否符合要求

  C. 紧急切断阀是否完好

  D. 高背压泡沫发生器和爆破片是否完好

55. 根据《泡沫灭火系统技术标准》（GB 50151—2021），内浮顶储罐泡沫混合液连续供给时间不应小于（   ）min。

  A. 30    B. 60    C. 120    D. 150

56. 根据《泡沫灭火系统技术标准》（GB 50151—2021），下列关于大中型石化企业泡沫消防水泵的设置，符合标准规定的是（   ）。

  A. 大中型石化企业应采用一级供电负荷电机拖动的泡沫消防水泵做主用泵，采用柴油机拖动的泡沫消防水泵做备用泵

  B. 大中型石化企业应采用二级供电负荷电机拖动的泡沫消防水泵做主用泵，采用柴油机拖动的泡沫消防水泵做备用泵

  C. 大中型石化企业应采用柴油机拖动的泡沫消防水泵做主用泵，采用二级供电负荷电机拖动的泡沫消防水泵做备用泵

  D. 大中型石化企业应采用柴油机拖动的泡沫消防水泵做主用泵，采用一级供电负荷电机拖动的泡沫消防水泵做备用泵

57. 下列阻火器型式不是按照阻火器阻火性能分类的是（   ）。

  A. 阻爆燃型阻火器     B. 阻爆轰型阻火器

  C. 耐烧型阻火器      D. 多孔板式阻火器

58. 下列不属于石油储罐罐顶设置液压安全阀目的是（   ）。

  A. 在南方地区炎热的夏季，骤降大雨致使罐内负压过高时，提供紧急吸气

B. 当呼吸阀失效（譬如在寒冷地区冬季使用的呼吸阀）时，代替呼吸阀的作用，其额定通气量也和呼吸阀一致

C. 在应急情况下确保紧急泄放装置发挥作用

D. 液压安全阀也兼有"紧急通气"的功能，当呼吸阀并未失效，在有火警情况下，提供紧急呼气

59. 根据《石油化工分散控制系统设计规范》（SH/T 3092—2013），DCS 系统数据储存单元的储存能力是实现历史数据核查的重要指标，数据储存时间应不少于（    ）天。

  A. 60    B. 90    C. 180    D. 210

60. 在安全联锁系统中实现不同 SIL 等级的 SIF 时，共享或共用的硬件和软件应符合（    ）的要求。

  A. 较高 SIL 等级

  B. 较低 SIL 等级

  C. 如果较高 SIL 等级的 SIF 占比较高，按照较高 SIL 等级

  D. 如果较低 SIL 等级的 SIF 占比较高，按照较低 SIL 等级

61. 根据《信号报警及联锁系统设计规范》（HG/T 20511—2014），下列关于紧急停车按钮设置的表述，错误的是（    ）。

  A. 非安全联锁系统的紧急停车按钮可在 BPCS 操作员站上设置软件按钮实现，安全联锁系统的紧急停车按钮应在辅助操作台上设置硬件按钮实现

  B. 辅助操作台设置的硬件按钮应引入联锁系统的逻辑控制器，并在系统内设置状态报警并记录

  C. 紧急停车按钮应设置维护开关

  D. 紧急停车按钮应采用红色蘑菇头按钮，并带防护罩

62. 根据《石油化工企业设计防火标准（2018 年版）》（GB 50160—2008），下列关于常压储罐、低压储罐、压力储罐的表述，错误的是（    ）。

  A. 常压储罐是指设计压力小于或等于 6.9 kPa（罐顶表压）的储罐

  B. 低压储罐是指设计压力大于 6.9 kPa 且小于 0.1 MPa（罐顶表压）的

储罐

C. 压力储罐是指设计压力大于或等于 0.1 MPa（罐顶表压）的储罐

D. 常压储罐是指安装浮舱顶，且设计压力小于或等于 6.9 kPa（罐顶表压）的储罐

63. 储罐阻火器的工作原理是（　　）。

A. 防止火焰发生　　　　B. 阻止火焰传播

C. 防止火势扩大　　　　D. 阻止可燃物蔓延

64. 根据《石油化工企业设计防火标准（2018 年版）》（GB 50160—2008），火炬系统按外形特征可分为（　　）。

A. 装置内火炬和全厂性火炬

B. 高架火炬和地面火炬

C. 酸性气火炬和可燃气体火炬

D. 冷火炬和热火炬

65. 根据《安全阀安全技术监察规程》（TSG ZF001—2006），对内部介质是有毒、易燃或污染环境的容器应选用（　　）安全阀。

A. 全封闭式　　B. 半封闭式　　C. 敞开式　　D. 直排式

66. 为保证设备和系统的密闭性，最普遍的做法是在设备检修之后，使用（　　）来检查系统的密闭性。

A. 机械强度试验　　　　B. 物理射线探伤

C. 气密试验　　　　　　D. 磁粉试验

67. 内压容器按设计压力分为超高压、高压、中压、低压 4 个压力等级；设计压力大于等于 0.1 MPa 且小于 1.6 MPa 的压力容器属于（　　）容器。

A. 高压　　　B. 中压　　　C. 低压　　　D. 常压

68. 根据《固定式压力容器安全技术监察规程》（TSG 21—2016），（　　）应当对压力容器本体、安全附件、安全保护装置、测量调控装置、附属仪器仪表进行经常性的检查、维护保养。

A. 压力容器使用单位　　B. 设备安装单位

C. 设备制造商　　　　　D. 安全技术服务机构

69. 根据《压力容器 第一部分：基本要求》（GB 150.1—2011），压力容器设有单台安全阀时，安全阀的整定压力应（　　）设计压力。

  A. 不大于  B. 远小于  C. 远大于  D. 不大于 1.05 倍

## 二、多项选择题

1. 在重大危险源装置中，可能用到的泄压和止逆设施有（　　）。

  A. 安全阀      B. 真空系统的密封设施

  C. 爆破片      D. 放空管

2. 建设项目安全设施必须与主体工程（　　）。

  A. 同时设计     B. 同时维护

  C. 同时施工     D. 同时投入生产和使用

3. 下列关于储罐安全阀的表述，正确的是（　　）。

  A. 当罐内压力超过安全阀定压值时，安全阀自动开启

  B. 安全阀应安装在罐内的气相部分

  C. 当降低到安全阀的关闭压力时，安全阀便自动关闭

  D. 安全阀前后手阀应保持常关

4. 下列关于储罐紧急切断阀的表述，正确的是（　　）。

  A. 紧急切断阀应安装在储罐本体上

  B. 紧急切断阀可防止物料溢罐

  C. 紧急切断阀应与工艺控制阀相区别

  D. 紧急切断阀应选用故障安全型

5. 下列关于重大危险源仪表气源管理要求的表述，正确的是（　　）。

  A. 仪表气可以采用储罐氮封管线气

  B. 应对仪表气气体内容物进行净化管理

  C. 操作压力下的气源露点温度，应比工作环境或历史上当地年极端最低温度至少低 5 ℃

  D. 应定期对在用的仪表气过滤器、低点处的排污阀进行排空

6. 根据《固定式压力容器安全技术监察规程》（TSG 21—2016），下列情形

属于需要立即更换爆破片的是（　　）。

A. 爆破片安装方向错误的

B. 爆破片标定的爆破压力、温度和运行要求不符的

C. 爆破片使用中超过标定爆破压力而未爆破的

D. 爆破片使用超过两年的

7. 根据《立式圆筒形钢制焊接储罐安全技术规程》（AQ 3053—2015），下列属于钢制储罐安全附件的是（　　）。

A. 呼吸阀　　　　　　　　B. 紧急切断装置

C. 阻火器　　　　　　　　D. 罐顶计量孔

8. 根据《固定式压力容器安全技术监察规程》（TSG 21—2016），将压力容器作为简单压力容器进行管理时，必须同时满足下列哪些条件。（　　）

A. 筒体、封头和接管等主要受压元件的材料为碳素钢、奥氏体不锈钢或者 Q345R

B. 设计压力小于等于 1.6 MPa

C. 容积小于等于 1 m³

D. 工作压力与容积的乘积小于等于 1 MPa·m³

9. 根据《固定式压力容器安全技术监察规程》（TSG 21—2016），压力容器按照在生产工艺过程中的作用原理，分为反应压力容器、换热压力容器、分离压力容器、储存压力容器。下列属于分离压力容器的是（　　）。

A. 蒸发器　　B. 吸收塔　　C. 洗涤器　　D. 分气缸

10. 根据《常压储罐完整性管理》（GB/T 37327—2019），常压储罐完整性是指常压储罐处于安全可靠的服役状态，主要包括（　　）。

A. 常压储罐在结构和功能上是完整的

B. 常压储罐处于风险受控状态

C. 常压储罐的状态可满足当前安全运行要求

D. 常压储罐必须至少有一处接地

11. 根据《常压储罐完整性管理》（GB/T 37327—2019），呼吸阀检验前应审查的资料有（　　）。

A. 呼吸阀的产品型号、操作压力等级

B. 制造日期、产品合格证、安装日期、竣工验收文件

C. 运行周期内的在线检查记录

D. 历次定期检验报告

12. 按照《常压储罐完整性管理》(GB/T 37327—2019),就地液位计的检查内容至少包括(    )。

A. 液位计的定期检修维护是否符合规定

B. 液位计外观及其附件是否符合规定

C. 低温环境或低温介质下使用的液位计选型是否符合规定

D. 用于易爆等场合时,液位计的防止泄漏保护装置是否符合规定

13. 根据《立式圆筒形钢制焊接储罐安全技术规程》(AQ 3053—2015),下列油品火灾类别为(    )的固定顶储罐,其通气管或呼吸阀上应设阻火器。

A. 甲$_B$    B. 乙$_A$    C. 丙$_A$    D. 丙$_B$

14. 特种设备使用单位应当对(    )特种设备及时予以报废。

A. 达到设计使用年限,检验或安全评估未通过的

B. 未按规定检测检验的

C. 技术性能下降的

D. 存在严重事故隐患,无改造、修理价值的

E. 因设备本身发生过安全事故的

15. 根据《石油库设计规范》(GB 50074—2014),下列储罐通向大气的通气管管口应装设呼吸阀的是(    )。

A. 储存甲$_B$、乙类液体的固定顶储罐和地上卧式储罐

B. 储存甲$_B$ 类液体的覆土卧式油罐

C. 采用氮气密封保护系统的储罐

D. 储存甲$_B$、乙类液体及丙$_A$ 类液体的固定顶储罐和地上卧式储罐

16. 根据《石油化工储运系统罐区设计规范》(SH/T 3007—2014),下列关于低压储罐压力测量就地指示仪表和压力远传仪表的表述,正确的是(    )。

A. 压力就地指示仪表与压力远传仪表不得共用一个开口

B. 压力就地指示仪表与压力远传仪表可以共用一个开口

C. 压力表的安装位置，应保证在最高液位时能测量气相的压力并便于观察和维修

D. 可选用任何类型的压力表

17. 根据《危险化学品重大危险源 罐区 现场安全监控装备设置规范》（AQ 3036—2010），危险化学品重大危险源罐区监控预警参数包括（　　）。

A. 储罐物料液位、温度、压力参数

B. 罐区内可燃气体/有毒气体浓度

C. 明火情况

D. 气象参数

18. 根据《危险化学品重大危险源 罐区 现场安全监控装备设置规范》（AQ 3036—2010），下列关于危险化学品重大危险源罐区监控仪表安装布置要求的表述，正确的是（　　）。

A. 对于老罐改造，应优先选择不清罐就可以安装的传感器

B. 设备电线无破皮、露线及发生短路现象

C. 二次仪表应安装在安全区

D. 采用非铠装电缆时，传感器与排线管之间用防爆软性管连接

19. 根据《危险化学品安全生产风险监测预警系统预警信息处置管理办法（试行）》，下列关于危险化学品安全生产风险监测预警系统发送预警信息要求的表述，正确的是（　　）。

A. 黄色预警自动发送给企业重大危险源三级包保责任人

B. 黄色预警自动发送给县（化工园区）应急管理部门

C. 红色预警自动发送给企业重大危险源三级包保责任人

D. 红色预警自动发送给县（化工园区）、市、省应急管理部门

20. 根据《危险化学品安全生产风险监测预警系统预警信息处置管理办法（试行）》，下列关于危险化学品安全生产风险监测预警系统黄色预警信息处置要求的表述，正确的是（　　）。

A. 收到黄色预警信息后，县（化工园区）应急管理部门负责跟踪处置

情况

  B. 收到黄色预警信息后，2 h 内未处置降级的，监测预警系统自动向企业发出警示通报

  C. 收到黄色预警信息后，降级前，每小时推送 1 次

  D. 收到黄色预警信息后，县（化工园区）应急管理部门对 24 h 内仍未降级的，组织现场核查督办

21. 根据《危险化学品安全生产风险监测预警系统预警信息处置管理办法（试行）》，下列关于危险化学品安全生产风险监测预警系统红色预警信息处置要求的表述，正确的是（　　）。

  A. 收到红色预警信息后，省应急管理部门负责跟踪处置情况

  B. 收到红色预警信息后 30 min 内未处置降级的，系统自动向市应急管理部门发出警示通报

  C. 收到红色预警信息后，在降级前，每 30 min 推送 1 次

  D. 收到红色预警信息后，对 2 h 内仍未降级的，组织现场核查督办

22. 根据《危险化学品重大危险源　罐区　现场安全监控装备设置规范》（AQ 3036—2010），下列关于重大危险源储罐区监测传感器的表述，正确的是（　　）。

  A. 可分为罐内监测传感器、罐外监测传感器两类

  B. 内浮顶罐罐外监测传感器可用于防止冒罐

  C. 外浮顶罐罐外监测传感器可用于罐区风速监测

  D. 球罐罐外监测传感器可用于储罐压力监控

23. 根据《危险化学品重大危险源　罐区　现场安全监控装备设置规范》（AQ 3036—2010），在选用重大危险源罐区的监测仪表时，应考虑（　　）等因素。

  A. 监测对象　　　　　　　B. 监测范围和测量精度

  C. 稳定性与可靠性　　　　D. 维护及检修

24. 根据《危险化学品安全生产风险监测预警系统数据质量管理办法（试行）》，针对危险化学品安全生产风险监测预警系统数据接入，企业应保证（　　）。

A. 系统监测监控数据应真实、即时、完整、规范、准确

B. 监测预警系统接入范围应覆盖所有重大危险源以及全厂区可燃、有毒有害气体监测点位

C. 储罐、装置和仓库的名称应规范准确、清晰可区分、位置明确

D. 监控摄像应能显示中控室人员值班状态

25. 根据《危险化学品安全生产风险监测预警系统数据质量管理办法（试行）》，企业在日常维护中，针对危险化学品安全生产风险监测预警系统应做好（ ）等设备设施方面的管理。

A. 动态感知　　　　　　　B. 自动报警和采集传输

C. 自动化控制　　　　　　D. 互联网专线

26. 根据《危险化学品安全生产风险监测预警系统企业常态化应用规定（试行）》，下列关于危险化学品安全生产风险监测预警系统开展常态化管理要求的表述，正确的是（ ）。

A. 企业自身视频监控系统不稳定时，应及时升级改造相关系统

B. 严禁关闭、破坏重大危险源的监测监控、报警设备

C. 严禁篡改、隐瞒、销毁重大危险源相关数据、信息

D. 企业应确保三级包保责任人信息动态更新

## 三、判断题

1. 根据《爆炸危险环境电力装置设计规范》（GB 50058—2014），对于涉氢、涉乙炔、涉二硫化碳、涉硝酸乙酯、涉水煤气等场所或设施必须配备ⅡC级电气。　　　　　　　　　　　　　　　　　　　　　　　　　　（　）

2. 根据《可燃气体检测报警器》（JJG 693—2011），可燃气体和有毒气体检测报警器的检定周期一般不超过1年。　　　　　　　　　　　　　　（　）

3. 根据《危险化学品重大危险源　罐区　现场安全监控装备设置规范》（AQ 3036—2010），有顶棚、围墙和门窗的房间称封闭场所，有顶棚和半截以上围墙（或花墙）而无门窗，自然通风不良的场所，称半封闭场所。（　）

4. 用于易爆、毒性危害程度为极度或者高度危害介质以及液化气体压力容

器上的液位计,应设置防止泄漏的保护装置。　　　　　　　(　)

5. 安全阀既可以安装在储罐液面以上的气相空间部分,也可以安装在储罐液相部分,当安装在储罐液相部分时,安全阀必须垂直安装。(　)

6. 大型储罐应设置电视监视系统,对储罐重点防火部位进行监视。电视监视系统应与火灾自动报警系统联动。　　　　　　　　　(　)

7. 储罐的在用检查检验包括例行检查、年度检查、定期检验3种形式。
　　　　　　　　　　　　　　　　　　　　　　　　　(　)

8. 对于石油化工储运系统罐区,从罐顶梯子平台至呼吸阀、通气管和透光孔的通道应设踏步。　　　　　　　　　　　　　　　(　)

9. 对于石油化工储运系统罐区,储罐高高、低低液位报警信号的液位测量仪表应采用单独的液位连续测量仪表或液位开关,报警信号应传送至自动控制系统。　　　　　　　　　　　　　　　　　　　　　　(　)

10. 液化烃储罐底部的液化烃出入口管道应设可远程操作的紧急切断阀。紧急切断阀的执行机构应有故障安全保障措施。　　　　　　(　)

11. 当安全阀与爆破片并联安装时,安全阀及爆破片安全装置各自的泄放量均应不小于被保护承压设备的安全泄放量。　　　　　　(　)

12. 爆破片安全装置若用于液体介质,为使爆破片能正常工作,应设置在正常液面以上。　　　　　　　　　　　　　　　　　　　(　)

13. 高压电气作业是指对电压在1 000 V以上电气设施的作业。(　)

14. 由于设置有安全阀,因此重大危险源球罐的压力高限可以只设一级报警。　　　　　　　　　　　　　　　　　　　　　　　　(　)

15. 重大危险源罐区监控预警参数的选择主要从事故经济财产损失的因素考虑。　　　　　　　　　　　　　　　　　　　　　　　(　)

16. 在重大危险源罐区内进行仪器检修时,现场严禁带电开盖检修非本质安全型防爆设备。　　　　　　　　　　　　　　　　　　(　)

17. 储存有毒物质的罐区,均需要安装有毒气体检测报警器。(　)

18. 气体检测报警器安装高度是指探测器传感器吸入口到指定参照物的垂直距离。　　　　　　　　　　　　　　　　　　　　　　　(　)

19. 石油化工企业装置内的控制室或化验室的室内不得安装可燃气体、液化烃和可燃液体的在线分析仪器。（  ）

# 参考答案及解析

## 一、单项选择题

1. D

【解析】根据《危险化学品重大危险源监督管理暂行规定》第十三条的规定，涉及毒性气体、液化气体、剧毒液体的一级或者二级重大危险源，配备独立的安全仪表系统（SIS）。

2. B

【解析】根据《石油化工企业设计防火标准（2018年版）》（GB 50160—2008）第6.3.11条的规定，液化烃的储罐应设液位计、温度计、压力表、安全阀，以及高液位报警和高高液位自动联锁切断进料措施。

3. C

【解析】根据《石油化工企业设计防火标准（2018年版）》（GB 50160—2008）第7.2.11条的规定，离心式可燃气体压缩机和可燃液体泵应在其出口管道上安装止回阀。

4. B

【解析】根据《石油化工企业设计防火标准（2018年版）》（GB 50160—2008）第5.5.9条的规定，在较高浓度环氧乙烷设备的安全阀前应设爆破片，且要求爆破片入口管道应设氮封，其目的是防止环氧乙烷自聚堵塞管道。

5. A

【解析】根据《危险化学品建设项目安全设施设计专篇编制导则》第2.2条的规定，安全设施是在生产经营活动中用于预防、控制、减少与消除事故影响采用的设备、设施、装备及其他技术措施的总称。

6. D

【解析】安全设施分为预防事故设施、控制事故设施、减少与消除事故影响设施3类。

7. B

【解析】泄压和止逆设施包括用于泄压的阀门、爆破片、放空管等设施，用于止逆的阀门等设施，真空系统的密封设施。

8. C

【解析】按照设备设施作用特点来分，减少与消除火灾事故影响设施分为防止火灾蔓延设施、灭火设施、紧急个体处置设施、应急救援设施、逃生避难设施、劳动防护用品和装备。

9. A

【解析】在安全设施采购时应确保符合设计要求，保证质量；应选用工艺技术先进、产品成熟可靠、符合国家标准和规范、有政府部门颁发的生产经营许可的安全设施，其功能、结构、性能和质量应满足安全生产要求；不得选用国家明令淘汰、未经鉴定、带有试用性质的安全设施。

10. C

【解析】防爆场所选用的安全设施，应取得国家指定的防爆检验机构发放的防爆许可证，并达到安装、使用场所的防爆等级要求。

11. D

【解析】按形状和结构特征分，立式圆筒形钢制油罐主要有立式拱顶罐、外浮顶罐和内浮顶罐。

12. A

【解析】立式拱顶罐由带弧形的罐顶、圆筒形罐壁及平罐底组成。由于储存空间固定且储存物料变化，因此罐顶以下的气相空间大，油品的蒸发损耗会加大。

13. D

【解析】浮顶罐广泛应用于储存原油、汽油和其他易挥发油，但不能用于储存承压介质。

14. A

【解析】浮顶罐是敞口容器，在浮顶罐罐壁的顶圈设置抗风圈的目的是为了使储罐在风载作用下保持其圆度，不致使罐壁出现局部失稳，即被风局部吹瘪现象。

15. D

【解析】内浮顶罐在化工企业中多用于储存航空汽油、汽油、溶剂油、甲醇、甲基叔丁基醚（MTBE）等品质较高的易挥发油品。

16. C

【解析】根据《固定式压力容器安全技术监察规程》（TSG 21—2016）第1.3条中注1-2的规定，压力容器工作压力是指在正常工作情况下，压力容器顶部可能达到的最高压力（表压力）。

17. D

【解析】根据《固定式压力容器安全技术监察规程》（TSG 21—2016）第A2.3条的规定，简单压力容器需满足的条件之一是设计压力小于或者等于1.6 MPa。

18. A

【解析】根据《固定式压力容器安全技术监察规程》（TSG 21—2016）第A1.2.1条的规定，高度危害介质的最高容许浓度范围是 $0.1 \sim 1 \ mg/m^3$。

19. C

【解析】根据《固定式压力容器安全技术监察规程》（TSG 21—2016）第7.1.2条的规定，压力容器使用单位应当按照规定在压力容器投入使用前或者投入使用后30日内，向所在地负责特种设备使用登记的部门申请办理《特种设备使用登记证》。

20. D

【解析】根据《固定式压力容器安全技术监察规程》（TSG 21—2016）第7.1.2条的规定，进口压力容器安全状况等级由实施进口压力容器监督检验的特种设备检验机构评定。

21. A

【解析】根据《固定式压力容器安全技术监察规程》（TSG 21—2016）第

7.1.2条的规定，特殊情况下，需要延长压力容器首次定期检验日期时，由使用单位提出书面申请说明情况，经使用单位安全管理负责人批准，延长期限不得超过1年。

22. C

【解析】根据《固定式压力容器安全技术监察规程》（TSG 21—2016）第8.1.6.1条的规定，金属压力容器一般于投用后3年内进行首次定期检验。以后的检验周期由检验机构根据压力容器的安全状况等级，按照有关要求确定。

23. A

【解析】根据《常压储罐完整性管理》（GB/T 37327—2019）第8.6.1条的规定，常压储罐用呼吸阀每年至少进行一次检验。

24. B

【解析】根据《常压储罐完整性管理》（GB/T 37327—2019）第8.1.1条的规定，常压储罐一般于投用后3~6年进行首次完整性评价。

25. A

【解析】根据《固定式压力容器安全技术监察规程》（TSG 21—2016）第7.1.5.2条的规定，压力容器使用单位每年对所使用的压力容器至少进行1次年度检查。

26. B

【解析】根据《立式圆筒形钢制焊接储罐安全技术规程》（AQ 3053—2015）第11.3条的规定，当腐蚀速率未知时，可根据类似工况条件下储罐运行经验预测的腐蚀速率来确定；当没有类似储罐的运行经验或数据时，定期检验的周期不得超过6年，大型储罐定期检验的周期不得超过4年。

27. C

【解析】根据《石油库设计规范》（GB 50074—2014）第6.4.6条的规定，采用氮气密封保护系统的储罐应设事故泄压设备，并应符合下列规定：事故泄压设备的开启压力应大于呼吸阀的排气压力，并应小于或等于储罐的设计正压力。呼吸阀是避免储罐内油气散逸的机构，氮封气体充于储罐内气相空间，呼吸阀开启压力应大于氮封压力，以实现密封。

28. B

【解析】根据《石油化工储运系统罐区设计规范》（SH/T 3007—2014）第6.3.3条的规定，液位测量远传仪表应设高、低液位报警。高液位报警的设定高度应为储罐的设计储存高液位；低液位报警的设定高度，应满足从报警开始10~15 min 内泵不会汽蚀的要求。

29. C

【解析】根据《石油化工储运系统罐区设计规范》（SH/T 3007—2014）第6.3.4条的规定，压力储罐应另设一套专用于高高液位报警并联锁切断储罐进料管道阀门的液位测量仪表或液位开关。高高液位报警的设定高度，不应大于液相体积达到储罐计算容积的90%时的高度。

30. C

【解析】根据《石油化工储运系统罐区设计规范》（SH/T 3007—2014）第6.4.2条的规定，安全阀排出的气体应排入火炬系统。排入火炬系统确有困难时，除Ⅰ~Ⅲ级有毒气体外，其他可燃气体可直接排入大气，但其排气管口应高出8 m 范围内储罐罐顶平台3 m 以上，也可将安全阀排出的气体引至安全地点排放。

31. C

【解析】全启式安全阀是一种大流量排放介质的安全阀，一般用于蒸汽或可压缩气体中。微启式安全阀是一种小流量排放介质的安全阀。根据《石油化工储运系统罐区设计规范》（SH/T 3007—2014）第6.4.3条的规定，压力储罐安全阀的选型应选用全启式安全阀。

32. B

【解析】根据《固定式压力容器安全技术监察规程》（TSG 21—2016）第9.1.3条的规定，压力容器正常运行期间截止阀门必须保证全开（加铅封或者锁定），截止阀门的结构和通径不得妨碍超压泄放装置的安全泄放。

33. B

【解析】根据《石油化工储运系统罐区设计规范》（SH/T 3007—2014）第6.4.2条的规定，压力储罐安全阀的开启压力（整定压力）不得大于储罐的设计压力。

34. B

【解析】根据《固定式压力容器安全技术监察规程》（TSG 21—2016）第8.1.4条的规定，压力容器使用单位应当在压力容器定期检验有效期届满的1个月以前向检验机构申报定期检验。

35. A

【解析】根据《固定式压力容器安全技术监察规程》（TSG 21—2016）第8.1.6.1条的规定，金属压力容器一般于投用后3年内进行首次定期检验。以后的检验周期由检验机构根据压力容器的安全状况等级，按照以下要求确定：

（1）安全状况等级为1、2级的，一般每6年检验一次。

（2）安全状况等级为3级的，一般每3~6年检验一次。

（3）安全状况等级为4级的，监控使用，其检验周期由检验机构确定，累计监控使用时间不得超过3年，在监控使用期间，使用单位应当采取有效的监控措施。

（4）安全状况等级为5级的，应当对缺陷进行处理，否则不得继续使用。

36. A

【解析】根据《固定式压力容器安全技术监察规程》（TSG 21—2016）第A1.2.2条规定，易爆介质是指气体或者液体的蒸气、薄雾与空气混合形成的爆炸混合物，并且其爆炸下限小于10%，或者爆炸上限和爆炸下限的差值大于或者等于20%的介质。

37. B

【解析】根据《工作场所有害因素职业接触限值 第1部分：化学有害因素》（GBZ 2.1—2019）第3.5条的规定，化学有害因素的职业接触限值分为时间加权平均容许浓度（PC-TWA）、短时间接触容许浓度（PC-STEL）和最高容许浓度（MAC）3类。

38. C

【解析】根据《工作场所有害因素职业接触限值 第1部分：化学有害因素》（GBZ 2.1—2019）第3.5.2条的规定，短时间接触容许浓度是指在实际测得的8h工作日、40h工作周平均接触浓度遵守时间加权平均容许浓度的前提下，容许劳动者短时间（15 min）接触的加权平均浓度。

39. C

【解析】根据《工作场所有害因素职业接触限值 第1部分：化学有害因素》（GBZ 2.1—2019）第6.1条的规定，化学有害因素控制的优先原则有：消除替代原则、工程控制原则、管理控制原则、个体防护原则。

40. B

【解析】根据《固定式压力容器安全技术监察规程》（TSG 21—2016）第7.2条的规定，压力容器年度检查项目至少包括压力容器安全管理情况、压力容器本体及其运行状况和压力容器安全附件检查等。

41. D

【解析】根据《固定式压力容器安全技术监察规程》（TSG 21—2016）第7.2.1条的规定，压力容器安全管理情况检查至少包括以下内容：

（1）压力容器的安全管理制度是否齐全有效。

（2）该规程规定的设计文件、竣工图样、产品合格证、产品质量证明文件、安装及使用维护保养说明、监检证书以及安装、改造、修理资料等是否完整。

（3）《使用登记证》《特种设备使用登记表》是否与实际相符。

（4）压力容器日常维护保养、运行记录、定期安全检查记录是否符合要求。

42. C

【解析】根据《固定式压力容器安全技术监察规程》（TSG 21—2016）第8.8.4.2条的规定，安全状况等级为4级的，检验结论为基本符合要求，应当监控使用，其检验周期由检验机构确定，累计监控使用时间不得超过3年，在监控使用期满前，使用单位应当对缺陷进行处理，否则不得继续使用。

43. C

【解析】根据《固定式压力容器安全技术监察规程》（TSG 21—2016）第8.10.3条的规定，实施基于风险评估的设备检验技术（RBI）的压力容器，可以采用以下方法确定其检验周期：以压力容器的剩余使用年限为依据，检验周期最长不得超过压力容器剩余使用年限的一半，并且不得超过9年。

44. A

【解析】根据《固定式压力容器安全技术监察规程》（TSG 21—2016）第9.2.1.1条的规定，压力表表盘刻度极限值应当为工作压力的1.5~3.0倍。根据第9.2.1.2条的规定，压力表安装前应当进行检定，在刻度盘上应当划出指示工作压力的红线。根据第9.2.1.3条的规定，用于蒸汽介质的压力表，在压力表与压力容器之间应当装有存水弯管。用于具有腐蚀性或者高黏度介质的压力表，在压力表与压力容器之间应当安装能隔离介质的缓冲装置。

45. B

【解析】根据《压力容器 第1部分：通用要求》（GB 150.1—2011）第B.4.3条和第B.6.5条的规定，安全阀不宜单独用于阀座与阀瓣密封面可能被介质粘连或介质可能生成结晶体的场合，但可以将爆破片安全装置串联在安全阀入口侧组合使用。用于液体的安全阀公称通径至少为15 mm。

46. D

【解析】根据《压力容器 第1部分：通用要求》（GB 150.1—2011）第B.6.4条的规定，安全阀与爆破片安全装置并联组合时，安全阀的动作压力应不大于设计压力，爆破片的动作压力应不大于1.05倍设计压力。

47. C

【解析】根据《爆破片安全装置 第2部分：应用、选择与安装》（GB 567.2—2012）第4.3.3.3条的规定，当爆破片安全装置设置在安全阀的出口侧时，应满足下列要求：

（1）爆破片安全装置与安全阀组合装置的泄放量应不小于被保护承压设备的安全泄放量。

（2）在爆破温度下，爆破片设计爆破压力与泄放管内存在的压力之和应不超过下列任一条件：

1）安全阀的整定压力。

2）在爆破片安全装置与安全阀之间的任何管路或管件的设计压力。

3）被保护承压设备的设计压力。

48. A

【解析】根据《关于加强化工安全仪表系统管理的指导意见》（安监总管三

〔2014〕116号）第三条的规定，规范化工安全仪表系统的设计。详细设计阶段要明确每个安全仪表功能（或子系统）的检验测试周期和测试方法等要求。

49. C

【解析】根据《关于加强化工安全仪表系统管理的指导意见》（安监总管三〔2014〕116号）第三条的规定，施工单位按照设计文件安装调试完成后，企业在投运前应依据国家法律法规、标准规范、行业和企业安全管理规定以及安全要求技术文件，组织对安全仪表系统进行审查和联合确认，确保安全仪表功能具备既定的功能和满足完整性要求，具备安全投用条件。

50. C

【解析】根据《危险化学品重大危险源　罐区　现场安全监控装备设置规范》（AQ 3036—2010）第10.1条的规定，危险化学品重大危险源罐区安全监控装备设置的一般原则有：

（1）罐区应设置音视频监控报警系统，监视突发的危险因素或初期的火灾报警等情况。

（2）摄像头的设置个数和位置，应根据罐区现场的实际情况而定，即要覆盖全面，也要重点考虑危险性较大的区域。

（3）摄像视频监控报警系统应可实现与危险参数监控报警的联动。

（4）摄像监控设备的选型和安装要符合相关技术标准，有防爆要求的场所应使用防爆摄像机或采取防爆措施。

（5）摄像头的安装高度应确保可以有效监控到储罐顶部。

51. D

【解析】根据《压力容器　第1部分：通用要求》（GB 150.1—2011）第B.3.7条和第B.3.8条的规定，符合下列条件之一者，应采用爆破片安全装置：

（1）压力快速增长（如增加分子质量的化学反应、化学爆炸、爆燃等）。

（2）对密封有较高要求。

（3）容器内物料会导致安全阀失效。

（4）安全阀不能适用的其他情况。

为了最大限度减少贵重介质、有毒介质或其他危害性介质通过安全阀向外泄漏，或为了防止来自泄放管线的腐蚀性气体进入安全阀内部，可以把安全阀与爆破片安全装置串联使用。

52. D

【解析】根据《工作场所有害因素职业接触限值 第1部分：化学有害因素》（GBZ 2.1—2019）第3.5.3条的规定，最高容许浓度是在1个工作日内、任何时间、工作地点的化学有害因素均不应超过的浓度。

53. B

【解析】根据《危险化学品重大危险源 罐区 现场安全监控装备设置规范》（AQ 3036—2010）第8.2条的规定，压力储罐的环境温度监测仪器宜与喷淋水系统联锁（或者手动），抑制储罐压力的升高。

54. C

【解析】根据《常压立式圆筒形钢制焊接储罐维护检修规程》（SHS 01012—2004）表8的规定，固定顶储罐附件检查维护内容包括泡沫发生器管内有无油气排出、高背压泡沫发生器和爆破片是否完好、液压安全阀油封高度是否符合要求。

55. B

【解析】根据《泡沫灭火系统技术标准》（GB 50151—2021）第4.4.2条的规定，内浮顶储罐泡沫混合液连续供给时间不应小于60 min。

56. A

【解析】根据《泡沫灭火系统技术标准》（GB 50151—2021）第7.1.3条的规定，固定式系统动力源和泡沫消防水泵的设置应符合下列规定：石油化工园区、大中型石化企业与煤化工企业、石油储备库，应采用一级供电负荷电机拖动的泡沫消防水泵做主用泵，采用柴油机拖动的泡沫消防水泵做备用泵。

57. D

【解析】根据《石油气体管道阻火器》（GB/T 13347—2010）第5.2条的规定，阻火器按阻火性能可分为：阻爆燃型阻火器、阻爆轰型阻火器、耐烧型阻火器。

58. C

【解析】根据《石油储罐附件 第2部分：液压安全阀》（SY/T 0511.2—

2010）第 A.1 条的规定，设置液压安全阀的目的包括：当呼吸阀失效（譬如在寒冷地区冬季使用的呼吸阀）时，代替呼吸阀的作用，其额定通气量也和呼吸阀一致。液压安全阀也兼有"紧急通气"的功能，当呼吸阀并未失效，在有火警情况下，提供紧急呼气。在南方地区炎热的夏季，骤降大雨致使罐内负压过高时，提供紧急吸气。液压安全阀的通气能力，不应低于相同规格呼吸阀的通气能力。

59. C

【解析】根据《石油化工分散控制系统设计规范》（SH/T 3092—2013）第 7.5.2.2 条的规定，DCS 系统历史数据储存时间不少于 180 天。

60. A

【解析】根据《信号报警及联锁系统设计规范》（HG/T 20511—2014）第 4.1.6 条的规定，在安全联锁系统中实现不同 SIL 等级的 SIF 时，共享或共用的硬件和软件应符合较高 SIL 等级的要求。

61. C

【解析】根据《信号报警及联锁系统设计规范》（HG/T 20511—2014）第 4.11 条的规定，紧急停车按钮的设置应满足下列要求：

（1）非安全联锁系统的紧急停车按钮可在 BPCS 操作员站上设置软件按钮实现，安全联锁系统的紧急停车按钮应在辅助操作台上设置硬件按钮实现。

（2）辅助操作台设置的硬件按钮应引入联锁系统的逻辑控制器，并在系统内设置状态报警并记录。

（3）紧急停车按钮不应设置维护开关。

（4）紧急停车按钮应采用红色蘑菇头按钮，并带防护罩。

62. D

【解析】根据《石油化工企业设计防火标准（2018 年版）》（GB 50160—2008）第 2.0.27 条、第 2.0.28 条、第 2.0.29 条要求，常压储罐是指设计压力小于或等于 6.9 kPa（罐顶表压）的储罐；低压储罐是指设计压力大于 6.9 kPa 且小于 0.1 MPa（罐顶表压）的储罐；压力储罐是指设计压力大于或等于 0.1 MPa（罐顶表压）的储罐。

63. B

【解析】储罐阻火器又称储罐防火器，是储罐的防火安全设施，它装在机械呼吸阀或液压安全阀下面，内部装有许多铜、铝或其他高热容金属制成的丝网或皱纹板。当外来火焰或火星通过呼吸阀进入防火器时，金属网或皱纹板能迅速吸收燃烧物质的热量，使火焰或火星熄灭，防止油罐内物料被引燃。

64. B

【解析】根据《石油化工企业设计防火标准（2018年版）》（GB 50160—2008）第2.0.33条的规定，火炬系统是指通过燃烧方式处理排放可燃气体的一种设施，分高架火炬、地面火炬等。由排放管道、分液设备、阻火设备、火炬燃烧器、点火系统、火炬筒及其他部件等组成。

65. A

【解析】根据《安全阀安全技术监察规程》（TSG ZF001—2006）第B5.1条的规定，安全阀的选用应当符合以下要求：

（1）安全阀适用于清洁、无颗粒、低黏度的流体。

（2）全启式安全阀适用于排放气体、蒸汽或者液体介质，微启式安全阀一般适用于排放液体介质，排放有毒或者可燃性介质时必须选用封闭式安全阀。

66. C

【解析】系统气密试验是在设备大修或检修之后，检测系统密封性的重要手段。

67. C

【解析】按承压方式分类，压力容器可以分为内压容器和外压容器，内压容器按设计压力（$p$）可以划分为低压、中压、高压和超高压4个压力等级：①低压容器，$0.1\ \text{MPa} \leqslant p < 1.6\ \text{MPa}$；②中压容器，$1.6\ \text{MPa} \leqslant p < 10.0\ \text{MPa}$；③高压容器，$10.0\ \text{MPa} \leqslant p < 100.0\ \text{MPa}$；④超高压容器，$p \geqslant 100.0\ \text{MPa}$。

68. A

【解析】根据《固定式压力容器安全技术监察规程》（TSG 21—2016）第7.1.4条的规定，使用单位应当建立压力容器装置巡检制度，并且对压力容器本体及其安全附件、装卸附件、安全保护装置、测量调控装置、附属仪器仪表进行经常性维护保养。对发现的异常情况及时处理并且记录，保证在用压力容器始终处于正常使用状态。

69. A

【解析】根据《压力容器 第一部分：基本要求》（GB 150.1—2011）第 B.3.2.1 条的规定，当容器上仅安装一个泄放装置时，泄放装置的动作压力应不大于设计压力，容器的超压限度应不大于设计压力的 10% 或 20 kPa 中的较大值。

## 二、多项选择题

1. ABCD

【解析】泄压和止逆设施包括：用于泄压的阀门、爆破片、放空管等设施，用于止逆的阀门等设施，真空系统的密封设施等。

2. ACD

【解析】根据《建设项目安全设施"三同时"监督管理办法》的规定，建设项目安全设施必须与主体工程同时设计、同时施工、同时投入生产和使用。

3. ABC

【解析】储罐安全阀是为了防止罐内压力突然升高引起严重事故而设置的一种安全附件。当罐内压力超过安全阀定压值时，安全阀自动开启，将罐内的一部分气体排出，使罐内压力降低。当降低到安全阀的关闭压力时，安全阀便自动关闭。安全阀应垂直安装，并应装设在储罐顶部的气相空间部分，或装设在与储罐气相空间相连的管道上。安全阀前后均可设手动全通径切断阀，阀门要保持全开状态并加铅封或锁定。

4. BCD

【解析】储罐紧急切断阀是安装在储罐进出口管道上，发生事故或异常情况能够快速紧急切断和隔离易燃及有毒物料的阀门。当储罐液位达到或超过高高液位限时，紧急切断阀能用于防止物料溢罐。紧急切断阀应与工艺控制阀相区别。紧急切断阀应选用故障安全型。

5. BD

【解析】仪表气源专线专用，净化后的气体中不应含有易燃易爆、有毒有害及腐蚀性气体（或蒸气）。在操作压力下的气源露点温度，应比工作环境或历史上当地年极端最低温度至少低 10 ℃，控制室内应设供气系统压力监视与报警装置，主管人员定期对供气系统（风罐、阀门、管线、过滤器、减压阀、压力表等）检查，定期对在用的过滤器、低点处的排污阀进行排空，视仪表供气品质及安装地点可适当增加排空次数。

6. ABC

【解析】根据《固定式压力容器安全技术监察规程》（TSG 21—2016）第 7.2.3.2.2 条的规定，凡发现下列情况之一的，使用单位应当立即更换爆破片装置并且采取有效措施确保更换期间的安全，否则暂停该压力容器使用。

（1）爆破片超过规定使用期限的。

（2）爆破片安装方向错误的。

（3）爆破片标定的爆破压力、温度和运行要求不符的。

（4）爆破片使用中超过标定爆破压力而未爆破的。

7. ABC

【解析】根据《立式圆筒形钢制焊接储罐安全技术规程》（AQ 3053—2015）第 3.1.2 条的规定，储罐的安全附件包括直接设置在储罐上的安全阀/呼吸阀、紧急切断装置、安全联锁装置、压力表、液位计、温度计、阻火器等。

8. ABCD

【解析】根据《固定式压力容器安全技术监察规程》（TSG 21—2016）第 A2.3 条的规定，简单压力容器必须满足的条件有：筒体、封头和接管等主要受压元件的材料为碳素钢、奥氏体不锈钢或者 Q345R；设计压力小于等于 1.6 MPa；容积小于等于 1 m³；工作压力与容积的乘积小于等于 1 MPa·m³ 等。

9. BCD

【解析】根据《固定式压力容器安全技术监察规程》（TSG 21—2016）第 A4 条的规定，吸收塔、洗涤器、分气缸属于分离压力容器。

10. ABC

【解析】根据《常压储罐完整性管理》（GB/T 37327—2019）第 3.1 条的规定，常压储罐完整性是指常压储罐处于安全可靠的服役状态，主要包括：①常压储罐在结构和功能上是完整的；②常压储罐处于风险受控状态；③常压储罐的状态可满足当前安全运行要求。

11. ABCD

【解析】根据《常压储罐完整性管理》（GB/T 37327—2019）第 8.6.2 条的规定，呼吸阀检验前应审查以下资料：①呼吸阀的产品型号、操作压力等级；②制造日期、产品合格证、安装日期、竣工验收文件；③运行周期内的在线检查记录；④历次定期检验报告。

12. ABCD

【解析】根据《常压储罐完整性管理》（GB/T 37327—2019）第 8.9.2.1 条的规定，就地液位计的检查内容至少包括：①液位计的定期检修维护是否符合规定；②液位计外观及其附件是否符合规定；③低温环境或低温介质下使用的液位计选型是否符合规定；④用于易爆等场合时，液位计的防止泄漏保护装置是否符合规定。

13. ABC

【解析】根据《立式圆筒形钢制焊接储罐安全技术规程》（AQ 3053—2015）第 12.2.4 a）条的规定，甲、乙、丙$_A$ 类油品的固定顶储罐，其通气管或呼吸阀上应设阻火器。

14. AD

【解析】根据《中华人民共和国特种设备安全法》第四十八条的规定，特种设备存在严重事故隐患，无改造、修理价值，或者达到安全技术规范规定的其他报废条件的，特种设备使用单位应当依法履行报废义务，采取必要措施消除该特种设备的使用功能，并向原登记的负责特种设备安全监督管理的部门办理使用登记证书注销手续。

15. ABC

【解析】根据《石油库设计规范》（GB 50074—2014）第 6.4.4 条的规定，下列储罐通向大气的通气管管口应装设呼吸阀：①储存甲$_B$、乙类液体的固定顶储罐和地上卧式储罐；②储存甲$_B$ 类液体的覆土卧式油罐；③采用氮气密封保护系统的储罐。

16. AC

【解析】根据《石油化工储运系统罐区设计规范》（SH/T 3007—2014）第5.4.7条的规定，低压储罐应设压力测量就地指示仪表和压力远传仪表。压力就地指示仪表与压力远传仪表不得共用一个开口。压力表的安装位置，应保证在最高液位时能测量气相的压力并便于观察和维修。

17. ABCD

【解析】根据《危险化学品重大危险源 罐区 现场安全监控装备设置规范》（AQ 3036—2010）第4.1条的规定，罐区的监控预警参数一般有罐内介质的液位、温度、压力等工艺参数，罐区内可燃/有毒气体的浓度、明火以及气象参数和音视频信号等。

18. ABCD

【解析】根据《危险化学品重大危险源 罐区 现场安全监控装备设置规范》（AQ 3036—2010）第4.2.5条的规定，对于老罐改造，应优先选择不清罐就可以安装的传感器。应符合安全要求，电线无破皮、露线及发生短路的现象。二次仪表应安装在安全区。传感器盖安装后应严格检查，旋紧装好防拆装置。现场严禁带电开盖检修非本质安全型防爆设备。采用非铠装电缆时，传感器与排线管之间用防爆软性管连接。安装过程中避开焊接和可能产生火花的操作，防止电火花、机械火花及高温等因素引起燃烧和爆炸。

19. ABCD

【解析】根据《危险化学品安全生产风险监测预警系统预警信息处置管理办法（试行）》的规定，黄色预警自动发送给企业重大危险源三级包保责任人和县（化工园区）应急管理部门；红色预警自动发送给企业重大危险源三级包保责任人和县（化工园区）、市、省应急管理部门。

20. ACD

【解析】根据《危险化学品安全生产风险监测预警系统预警信息处置管理办法（试行)》的规定，收到黄色预警信息后，县（化工园区）应急管理部门负责跟踪处置情况，1 h内未处置降级的，监测预警系统自动向企业发出警示通报，并且在降级前，每小时推送1次；对24 h内仍未降级的，组织现场核查督办。

21. ABCD

【解析】根据《危险化学品安全生产风险监测预警系统预警信息处置管理办法（试行）》的规定，收到红色预警信息后，省应急管理部门负责跟踪处置情况，30 min 内未处置降级的，系统自动向市应急管理部门发出警示通报，并且在降级前，每 30 min 推送 1 次；对 2 h 内仍未降级的，组织现场核查督办。

22. AC

【解析】根据《危险化学品重大危险源 罐区 现场安全监控装备设置规范》（AQ 3036—2010）第 4.2.2 条的规定，储罐区监测传感器可分为罐内监测传感器和罐外监测传感器两类。罐内监测传感器用于储罐内的液位、压力和温度等工艺参数的监控，防止冒顶或者异常的温度压力变化。罐外监测传感器用于明火、可燃和有毒气体泄漏及相关的环境危险因素等的监控。

23. ABCD

【解析】危险化学品重大危险源罐区对于监测方法和仪表的选择，主要考虑监测对象、监测范围和测量精度、稳定性与可靠性、防爆和防腐、安装、维护及检修、环境要求和经济性等因素。

24. ABCD

【解析】根据《危险化学品安全生产风险监测预警系统数据质量管理办法（试行）》的规定，监测预警系统监测监控数据应按照真实、即时、完整、规范、准确的要求，客观反映企业安全生产状况和变化趋势。监测预警系统接入范围应覆盖所有重大危险源以及全厂区可燃、有毒有害气体监测点位。储罐、装置和仓库的名称应规范准确、清晰可区分、位置明确。重大危险源及其重点部位的视频监控数据应直观全面反映其现场状态；监控摄像角度应能捕捉关键要素，应能显示设备、装置、储罐、库区等的关键风险部位及中控室人员值班状态。

25. ABCD

【解析】根据《危险化学品安全生产风险监测预警系统数据质量管理办法（试行）》的规定，企业应做好动态感知、自动报警、采集传输、自动化控制、互联网专线等设备设施的日常维护管理和安全防护，确保监测预警系统 24 h 安全运行和在线传输。

26. ABCD

【解析】根据《危险化学品安全生产风险监测预警系统企业常态化应用规定（试行）》的规定，企业自身工业控制系统、视频监控系统等不满足接入条件或存在不稳定等情况的，应及时升级改造相关系统以达到接入要求，并保障数据的稳定接入传输；严禁关闭、破坏重大危险源的监测监控、报警设备、设施，或者篡改、隐瞒、销毁其相关数据、信息；严格落实重大危险源安全包保责任制，确保三级包保责任人信息真实准确、动态更新。

## 三、判断题

1. 正确

【解析】根据《爆炸危险环境电力装置设计规范》（GB 50058—2014）附录C的规定，对于涉氢、涉乙炔、涉二硫化碳、涉硝酸乙酯、涉水煤气等场所或设施必须配备ⅡC级电气。

2. 正确

【解析】根据《可燃气体检测报警器》（JJG 693—2011）第5.5条的规定，可燃气体和有毒气体检测报警器的检定周期一般不超过1年。

3. 正确

【解析】根据《危险化学品重大危险源 罐区 现场安全监控装备设置规范》（AQ 3036—2010）第3.3条的规定，有顶棚、围墙和门窗的房间称封闭场所，有顶棚和半截以上围墙（或花墙）而无门窗，自然通风不良的场所，称半封闭场所。

4. 正确

【解析】根据《固定式压力容器安全技术监察规程》（TSG 21—2016）第9.2.2.1条的规定，用于易爆、毒性危害程度为极度或者高度危害介质以及液化气体压力容器上的液位计，应设置防止物料泄漏的保护装置。

5. 错误

【解析】根据《立式圆筒形钢制焊接储罐安全技术规程》（AQ 3053—2015）第12.3.4条的规定，安全阀应铅直安装在储罐液面以上的气相空间部分，或装设在与储罐气相空间相连的管道上。

6. 正确

【解析】根据《立式圆筒形钢制焊接储罐安全技术规程》（AQ 3053—2015）第12.2.6条的规定，大型储罐应设置电视监视系统，对储罐重点防火部位进行监视。电视监视系统应与火灾自动报警系统联动。

7. 正确

【解析】根据《立式圆筒形钢制焊接储罐安全技术规程》（AQ 3053—2015）第11.1条的规定，储罐的在用检查检验包括例行检查、年度检查、定期检验3种形式。

8. 正确

【解析】根据《石油化工储运系统罐区设计规范》（SH/T 3007—2014）第5.2.5条的规定，从罐顶梯子平台至呼吸阀、通气管和透光孔的通道应设踏步。

9. 正确

【解析】根据《石油化工储运系统罐区设计规范》（SH/T 3007—2014）第5.4.5条的规定，储罐高高、低低液位报警信号的液位测量仪表应采用单独的液位连续测量仪表或液位开关，报警信号应传送至自动控制系统。

10. 正确

【解析】根据《石油化工储运系统罐区设计规范》（SH/T 3007—2014）第6.4.1条的规定，液化烃储罐底部的液化烃出入口管道应设可远程操作的紧急切断阀。紧急切断阀的执行机构应有故障安全保障措施。

11. 正确

【解析】根据《爆破片安全装置 第2部分：应用、选择与安装》（GB 567.2—2012）第4.3.4.2条的规定，安全阀及爆破片安全装置各自的泄放量均应不小于被保护承压设备的安全泄放量。

12. 错误

【解析】根据《爆破片安全装置 第2部分：应用、选择与安装》（GB 567.2—2012）第6.1.1.2条的规定，爆破片安全装置若用于气体介质，应设置在气体空间（包括液体上方的气相空间）或与该空间相连通的管线上；若用于液体介质，应设置在正常液面以下。

13. 正确

【解析】根据《特种作业人员安全技术培训考核管理规定》的规定，1 000 V以上的电气作业属于高压电气作业。

14. 错误

【解析】根据《危险化学品重大危险源 罐区 现场安全监控装备设置规范》（AQ 3036—2010）第4.3.3条的规定，压力报警高限至少设置两级，第一级报警阈值为正常工作压力的上限，第二级为容器设计压力的80%，并应低于安全阀设定值。

15. 错误

【解析】重大危险源罐区监控预警参数的选择主要以预防和控制重大工业事故为出发点，根据对罐区危险及有害因素的分析，结合储罐的结构和材料、储存介质特性以及罐区环境条件等的不同，选取不同的监控预警参数。

16. 正确

【解析】带电开盖检修非本质安全电气设备相当于在作业现场引入点火源，因此必须严格管控。

17. 错误

【解析】根据《石油化工可燃气体和有毒气体检测报警设计标准》（GB/T 50493—2019）第2.0.2条的规定，通过皮肤接触或呼吸可导致死亡或永久性健康伤害的毒性气体或毒性蒸气环境才需要装设有毒气体检测报警器。

18. 正确

【解析】根据《石油化工可燃气体和有毒气体检测报警设计标准》（GB/T 50493—2019）第2.0.11条的规定，气体检测报警器安装高度是指探测器传感器吸入口到指定参照物的垂直距离。

19. 正确

【解析】根据《石油化工企业设计防火标准（2018年版）》（GB 50160—2008）第5.2.18条的规定，布置在装置内的控制室、机柜间、变配电所、化验室、办公室等的布置应符合下列规定：控制室或化验室的室内不得安装可燃气体、液化烃和可燃液体的在线分析仪器。

## 第六节　外部安全防护距离管理

## 习　　题

### 一、单项选择题

1. 根据《危险化学品生产装置和储存设施外部安全防护距离确定方法》（GB/T 37243—2019），外部安全防护距离是指为了预防和减缓危险化学品生产装置和储存设施发生（　　）等潜在事故对厂外防护目标的影响，在装置与防护目标之间设置的距离或风险控制线。

　　A. 火灾　　　B. 爆炸　　　C. 中毒　　　D. 以上都是

2. 事故后果法适用于涉及（　　）的危险化学品生产装置和储存设施。

　　A. 易燃固体　B. 爆炸物　　C. 腐蚀品　　D. 自燃物品

3. 根据《危险化学品生产装置和储存设施外部安全防护距离确定方法》（GB/T 37243—2019），泄漏场景可以根据泄漏孔径分为完全破裂和（　　）两大类。

　　A. 部分破裂　B. 轻微劈裂　C. 孔泄漏　　D. 大面积泄漏

4. 根据《危险化学品生产装置和储存设施风险基准》（GB 36894—2018），防护目标按设施或场所实际使用的主要性质，分为（　　）、重要防护目标和一般防护目标。

　　A. 高敏感防护目标　　　　　B. 机密防护目标
　　C. 重大防护目标　　　　　　D. 特别重大防护目标

5. 对不同的物质状态，毒物泄漏和扩散的难易程度有很大不同，就泄漏后酿成事故的可能性而言，气相毒物比液相毒物（　　）。

　　A. 更难　　　　　　　　　　B. 需具体分析
　　C. 相近　　　　　　　　　　D. 更容易

## 二、多项选择题

1. 危险化学品生产装置及储存设施外部安全防护距离确定方法，主要采用（　　）或者执行相关标准规范有关距离的要求。

　　A. 事故后果法　　　　　　B. 定量风险评价法

　　C. 安全检查表法　　　　　D. 工作危害分析法

2. 采用定量风险评价法确定外部安全防护距离，基本流程包括（　　）和定量风险计算，确定外部安全防护距离。

　　A. 收集资料数据　　　　　B. 确定评估单元

　　C. 危险识别和泄漏场景辨识　D. 分析事故概率

　　E. 分析事故后果

3. 根据《危险化学品生产装置和储存设施外部安全防护距离确定方法》（GB/T 37243—2019），定量风险可以用（　　）来度量。

　　A. 个人风险　　　　　　　B. 社会风险

　　C. 重大危险源　　　　　　D. 危险源等级

4. 采用事故后果法确定外部安全防护距离，基本流程包括（　　）和确定安全防护距离。

　　A. 基础资料收集　　　　　B. 最严重事故情景确定

　　C. 事故后果计算　　　　　D. 事故原因分析

5. 下列重大危险源，应当委托具有相应资质的安全评价机构，按照有关标准的规定采用定量风险评价方法进行安全评估，确定个人和社会风险值的是（　　）。

　　A. 构成一级重大危险源，且毒性气体实际存在（在线）量与其在《危险化学品重大危险源辨识》（GB 18218—2018）中规定的临界量比值之和大于或等于1的

　　B. 构成二级重大危险源，且毒性气体实际存在（在线）量与其在《危险化学品重大危险源辨识》（GB 18218—2018）中规定的临界量比值之和大于或等于1的

C. 构成一级重大危险源，且易燃液体实际存在（在线）量与其在《危险化学品重大危险源辨识》（GB 18218—2018）中规定的临界量比值之和大于或等于 1 的

D. 构成一级重大危险源，且液化易燃气体实际存在（在线）量与其在《危险化学品重大危险源辨识》（GB 18218—2018）中规定的临界量比值之和大于或等于 1 的

### 三、判断题

1. 根据《危险化学品生产装置和储存设施外部安全防护距离确定方法》（GB/T 37243—2019），典型点火源分为点源、线源、面源。（    ）

2. 根据《危险化学品生产装置和储存设施外部安全防护距离确定方法》（GB/T 37243—2019），社会风险基准是在个人风险基准确定的基础上，结合危险化学品生产装置和储存设施周边区域的人口分布，对危险化学品事故引发群死群伤事故的约束。（    ）

3. 根据《危险化学品生产装置和储存设施外部安全防护距离确定方法》（GB/T 37243—2019），外部安全防护距离的起点为装置和设施内侧设备外缘或建筑物的内部轴线，止点为防护目标处建筑物的外墙。（    ）

## 参考答案及解析

### 一、单项选择题

1. D

【解析】根据《危险化学品生产装置和储存设施外部安全防护距离确定方法》（GB/T 37243—2019）第 3.4 条的规定，外部安全防护距离是指为了预防和减缓危险化学品生产装置和储存设施潜在事故（火灾、爆炸和中毒等）对厂外防护目标的影响，在装置和设施与防护目标之间设置的距离或风险控制线。

2. B

【解析】根据《危险化学品生产装置和储存设施外部安全防护距离确定方法》(GB/T 37243—2019)第4.2条的规定,涉及爆炸物的危险化学品的生产装置和储存设施应采用事故后果法确定外部安全防护距离。

3. C

【解析】根据《危险化学品生产装置和储存设施外部安全防护距离确定方法》(GB/T 37243—2019)第6.4.4条的规定,泄漏场景可以根据泄漏孔径分为完全破裂和孔泄漏两大类。

4. A

【解析】根据《危险化学品生产装置和储存设施风险基准》(GB 36894—2018)第3.1.1条的规定,防护目标按设施或场所实际使用的主要性质,分为高敏感防护目标、重要防护目标、一般防护目标。

5. D

【解析】对不同的物质状态,毒物泄漏和扩散的难易程度有很大不同,气相毒物比液相毒物更容易酿成事故,相对密度大的气相毒物泄漏后不易向上扩散,因而容易造成中毒事故。

## 二、多项选择题

1. AB

【解析】根据《危险化学品生产装置和储存设施外部安全防护距离确定方法》(GB/T 37243—2019)的规定,危险化学品生产装置及储存设施外部安全防护距离确定方法,主要采用事故后果法、定量风险评价法,或者执行相关标准规范有关距离的要求。

2. ABCDE

【解析】根据《危险化学品生产装置和储存设施外部安全防护距离确定方法》(GB/T 37243—2019)第6.1条的规定,定量风险评价法的基本流程包括:收集资料数据、确定评估单元、危险识别和泄漏场景辨识、分析事故概率、分析事故后果、定量风险计算、确定外部安全防护距离。

3. AB

第二章 重大危险源安全生产管理 173

【解析】根据《危险化学品生产装置和储存设施外部安全防护距离确定方法》（GB/T 37243—2019）第6.7.1条的规定，定量风险可以用个人风险和社会风险来度量。

4. ABC

【解析】根据《危险化学品生产装置和储存设施外部安全防护距离确定方法》（GB/T 37243—2019）第5.1条的规定，采用事故后果法确定外部安全防护距离的基本流程包括基础资料收集、最严重事故情景确定、事故后果计算、确定外部安全防护距离。

5. ABD

【解析】根据《危险化学品重大危险源监督管理暂行规定》第九条的规定，重大危险源有下列情形之一的，应当委托具有相应资质的安全评价机构，按照有关标准的规定采用定量风险评价方法进行安全评估，确定个人和社会风险值：

（1）构成一级或者二级重大危险源，且毒性气体实际存在（在线）量与其在《危险化学品重大危险源辨识》中规定的临界量比值之和大于或等于1的。

（2）构成一级重大危险源，且爆炸品或液化易燃气体实际存在（在线）量与其在《危险化学品重大危险源辨识》中规定的临界量比值之和大于或等于1的。

三、判断题

1. 正确

【解析】根据《危险化学品生产装置和储存设施外部安全防护距离确定方法》（GB/T 37243—2019）第6.2.3.1条的规定，典型点火源分为点源、线源、面源。

2. 正确

【解析】根据《危险化学品生产装置和储存设施外部安全防护距离确定方法》（GB/T 37243—2019）第6.8.3条的规定，社会风险基准是在个人风险基准确定的基础上，结合危险化学品生产装置和储存设施周边区域的人口分布，对危险化学品事故引发群死群伤事故的约束。

3. 错误

**【解析】** 根据《危险化学品生产装置和储存设施外部安全防护距离确定方法》（GB/T 37243—2019）第 5.4.3 条的规定，外部安全防护距离的起点为装置和设施最外侧设备外缘或建筑物的最外轴线，止点为防护目标处建筑物的外墙。

## 第七节　特殊作业安全管理

### 习　题

**一、单项选择题**

1. 根据《危险化学品企业特殊作业安全规范》（GB 30871—2022），吊装作业是指利用各种吊装机具将设备、工件、器具、材料等吊起，使其发生（　　）变化的作业。

　　A. 形态　　　B. 样式　　　C. 位置　　　D. 重量

2. 根据《危险化学品企业特殊作业安全规范》（GB 30871—2022），临时用电是指（　　）的电源上所接的（　　）用电。

　　A. 正式运行，永久性　　　　B. 临时运行，永久性
　　C. 正式运行，非永久性　　　D. 临时运行，非永久性

3. 根据《危险化学品企业特殊作业安全规范》（GB 30871—2022），特殊作业过程中，当生产装置出现异常，可能危及作业人员安全时，应采取下列哪种措施。（　　）

　　A. 作业人员应核实异常情况原因，及时汇报生产单位
　　B. 监护人员应及时消除异常，确保作业安全
　　C. 作业人员应立即停止作业，迅速撤离，并及时通知相关单位和人员
　　D. 作业人员应停止作业，向领导汇报，等待撤离指令

4. 根据《危险化学品企业特殊作业安全规范》（GB 30871—2022），下列关

于动火作业管理的表述，不正确的是（　　）。

  A. 在火灾爆炸危险场所处于运行状态下的生产装置设备、管道、储罐、容器等部位上进行动火作业属于特级动火

  B. 带压不置换动火作业按特级动火作业管理

  C. 凡生产装置或系统全部停车进行的动火作业可按二级动火作业管理

  D. 厂区管廊上的动火作业按一级动火作业管理

5. 根据《危险化学品企业特殊作业安全规范》（GB 30871—2022），下列关于动火作业管理基本要求的表述，正确的有（　　）。

  A. 动火作业应有专人监护，作业前应清除动火现场及周围的易燃物品

  B. 对动火点周围或其下方地面存在的可燃物、空洞、窨井、地沟、水封等，无须采取防护措施

  C. 可以在有可燃物构件和使用可燃物做防腐内衬的设备内部直接进行动火作业

  D. 在生产、使用、储存氧气的设备上进行动火作业时，设备内氧含量不在考虑范围内

6. 根据《危险化学品企业特殊作业安全规范》（GB 30871—2022），动火期间距动火点（　　）内不应排放可燃气体；距动火点（　　）内不应排放可燃液体。

  A. 20 m，15 m      B. 30 m，15 m

  C. 25 m，20 m      D. 30 m，10 m

7. 根据《危险化学品企业特殊作业安全规范》（GB 30871—2022），动火作业时，下列哪些场所可以进行可燃溶剂清洗或喷漆等作业。（　　）

  A. 在距动火点 12 m 处    B. 在距动火点 8 m 处

  C. 在动火点上方       D. 在动火点下方

8. 根据《危险化学品企业特殊作业安全规范》（GB 30871—2022），挖土、打桩、钻探、坑探、地锚入土深度在（　　）以上的作业属于动土作业。

  A. 0.5 m    B. 0.8 m    C. 1 m    D. 1.2 m

9. 根据《危险化学品企业特殊作业安全规范》（GB 30871—2022），在设备

外壁上动火,应在距动火点（    ）范围内进行气体分析。

  A. 10 m  B. 5 m  C. 15 m  D. 8 m

10. 根据《危险化学品企业特殊作业安全规范》（GB 30871—2022），下列关于受限空间作业前实施安全隔绝措施的表述，不符合要求的是（    ）。

  A. 与受限空间连通的可能危及安全作业的管道应采用插入盲板或拆除一段管道进行隔离

  B. 对与受限空间连通的可能危及安全作业的孔、洞进行严密封堵

  C. 受限空间内用电设备已有效切断电源，在电源开关处上锁并加挂警示牌

  D. 对与受限空间连通的可能危及安全作业的管道采用关闭阀门进行隔绝

11. 根据《危险化学品企业特殊作业安全规范》（GB 30871—2022），出现（    ）天气状况时，禁止露天动火作业。

  A. 四级风以上（含四级）  B. 二级风以上（含二级）

  C. 三级风以上（含三级）  D. 五级风以上（含五级）

12. 根据《危险化学品企业特殊作业安全规范》（GB 30871—2022），二级动火作业中断时间超过（    ），应重新进行气体分析。

  A. 30 min  B. 60 min  C. 70 min  D. 80 min

13. 根据《危险化学品企业特殊作业安全规范》（GB 30871—2022），同一作业区域应减少、控制多工种、多层次（    ）。

  A. 检修作业  B. 动火作业  C. 高处作业  D. 交叉作业

14. 动火作业过程中，监护人确需离开现场时，监护人可做下列哪项处理。（    ）

  A. 收回动火安全作业票，中止作业

  B. 指派其他人员代为监护

  C. 给作业人员交代安全须知后离开

  D. 允许作业人员继续动火作业

15. 根据《危险化学品企业特殊作业安全规范》（GB 30871—2022），下列哪项动火作业要求连续监测气体浓度。（    ）

A. 特级动火作业 B. 一级动火作业

C. 二级动火作业 D. 以上作业都必须要求

16. 根据《危险化学品企业特殊作业安全规范》（GB 30871—2022），动土、断路作业现场可能危及安全的坑、井、沟、孔洞等周围，夜间应设（　　）。

A. 照明灯　　B. 警示红灯　　C. 声光报警　　D. 专人指挥

17. 根据《危险化学品企业特殊作业安全规范》（GB 30871—2022），在生产、使用、储存氧气的设备上进行动火作业时，设备内氧含量不应超过（　　）（体积分数）。

A. 18%　　B. 21%　　C. 21.5%　　D. 23.5%

18. 根据《危险化学品企业特殊作业安全规范》（GB 30871—2022），下列选项不是动火安全作业票必要内容的是（　　）。

A. 动火分析的具体数值　　B. 动火的起止时间

C. 危害辨识和安全措施　　D. 环境温度

19. 根据《危险化学品企业特殊作业安全规范》（GB 30871—2022），在有人员进入储存过氨水的储槽进行作业前，需对储槽内的（　　）进行分析。

A. 氧含量　　B. 氨含量　　C. 水含量　　D. 氧含量和氨含量

20. 根据《危险化学品企业特殊作业安全规范》（GB 30871—2022），受限空间作业同时涉及电焊作业，下列表述正确的是（　　）。

A. 仅办理受限空间安全作业票

B. 办理受限空间安全作业票，同时办理动火安全作业票、临时用电安全作业票

C. 办理动火作业许可票和受限空间安全作业票

D. 仅办理临时用电安全作业票

21. 根据《危险化学品企业特殊作业安全规范》（GB 30871—2022），在受限空间内作业时应保持空气流通良好，下列措施错误的是（　　）。

A. 打开人孔、手孔等与大气相通的设施进行自然通风

B. 采用风机强制通风

C. 用管道向内输送氧气

D. 用管道向受限空间内输送空气

22. 根据《危险化学品企业特殊作业安全规范》（GB 30871—2022），在受限空间内作业，下列关于现场照明配置要求的表述，错误的是（    ）。

　　A. 受限空间内使用的照明电压不应超过 36 V

　　B. 受限空间内使用的照明电压不应超过 48 V

　　C. 在潮湿容器、狭小容器内作业电压不应超过 12 V

　　D. 动力和照明线路应分路设置

23. 根据《危险化学品企业特殊作业安全规范》（GB 30871—2022），下列（    ）未列入特殊作业范围。

　　A. 进入受限空间作业　　　　B. 吊装作业

　　C. 机泵拆卸作业　　　　　　D. 盲板抽堵作业

24. 根据《危险化学品企业特殊作业安全规范》（GB 30871—2022），下列不属于火灾爆炸危险场所的是（    ）。

　　A. 能够与空气形成爆炸性混合物的气体环境

　　B. 气溶胶环境

　　C. 能够与空气形成爆炸性混合物的蒸气环境

　　D. 能够与空气形成爆炸性混合物的粉尘环境

25. 根据《危险化学品企业特殊作业安全规范》（GB 30871—2022），下列关于动火作业定义的表述，正确的是（    ）。

　　A. 在禁火区外从事可能产生火焰、火花或炽热表面的非常规作业

　　B. 在直接或间接产生明火的工艺设施以外的禁火区内从事可能产生火焰、火花或炽热表面的非常规作业

　　C. 在禁火区外进行的常规作业

　　D. 在直接或间接产生明火的工艺设施以外的固定禁火区内从事可能产生火焰、火花或炽热表面的常规作业

26. 根据《危险化学品企业特殊作业安全规范》（GB 30871—2022），下列关于固定动火区的表述，正确的是（    ）。

　　A. 固定动火区是指在火灾爆炸危险场所划出的专门用于动火的区域

B. 固定动火区可以设在地下室内

C. 固定动火区可以设在火灾爆炸危险场所

D. 固定动火区是指在非火灾爆炸危险场所划出的专门用于动火的区域

27. 根据《危险化学品企业特殊作业安全规范》（GB 30871—2022），下列关于进入受限空间作业风险特点的表述，错误的是（　　）。

　　A. 受限空间进出口受限，出现险情时人员不易撤出

　　B. 受限空间内可能存在易燃易爆、有毒有害物质

　　C. 在受限空间内作业，不会对进入作业的人员身体健康和生命安全构成威胁

　　D. 人员进入受限空间可能出现缺氧状况

28. 根据《危险化学品企业特殊作业安全规范》（GB 30871—2022），高处作业是指在距坠落基准面（　　）及以上有可能坠落的高处进行的作业。

　　A. 1 m　　　　B. 2 m　　　　C. 4 m　　　　D. 5 m

29. 根据《危险化学品企业特殊作业安全规范》（GB 30871—2022），高处作业定义中"坠落基准面"是指（　　）。

　　A. 地面　　　　　　　　　　B. 坠落处最低点的水平面

　　C. 平台　　　　　　　　　　D. 阻挡面

30. 根据《危险化学品企业特殊作业安全规范》（GB 30871—2022），进入受限空间作业时，对受限空间内气体检测频次的要求是（　　）。

　　A. 连续　　　　B. 定时　　　　C. 偶尔　　　　D. 每小时

31. 根据《危险化学品企业特殊作业安全规范》（GB 30871—2022），受限空间安全作业票有效期不应超过（　　）。

　　A. 8 h　　　　B. 12 h　　　　C. 18 h　　　　D. 24 h

32. 根据《危险化学品企业特殊作业安全规范》（GB 30871—2022），高处作业的安全作业票有效期最长为（　　）。

　　A. 5 天　　　　B. 7 天　　　　C. 10 天　　　　D. 12 天

33. 根据《危险化学品企业特殊作业安全规范》（GB 30871—2022），在动土作业时，遇有埋设的易燃易爆介质管线，当挖掘深度超过（　　）时，应执行受

限空间作业相关规定。

  A. 0.5 m    B. 1 m    C. 1.2 m    D. 1.5 m

34. 根据《危险化学品企业特殊作业安全规范》（GB 30871—2022），必须全过程采集作业影像的动火作业是（　　）。

  A. 特级动火作业      B. 特级和一级动火作业

  C. 一级动火作业      D. 二级动火作业

35. 根据《危险化学品企业特殊作业安全规范》（GB 30871—2022），作业票办理涉及多个时间，主要有：①办理作业票时间；②作业票审批时间；③气体分析时间；④作业实施时间。下列时间顺序排列，正确的是（　　）。

  A. ①③②④    B. ①②③④    C. ②①③④    D. ④①②③

## 二、多项选择题

1. 根据《危险化学品企业特殊作业安全规范》（GB 30871—2022），使用气焊、气割动火作业时，下列关于氧气瓶与乙炔瓶管理要求的表述，正确的是（　　）。

  A. 乙炔瓶应直立放置

  B. 乙炔瓶可卧放

  C. 乙炔瓶与氧气瓶可共同放置在一个小推车上

  D. 乙炔瓶与氧气瓶之间应至少保持 5 m 距离

2. 根据《危险化学品企业特殊作业安全规范》（GB 30871—2022），下列关于在石脑油罐区内实施电焊作业管理要求的表述，正确的是（　　）。

  A. 作业前，应清除动火现场及周围的易燃物品

  B. 作业前，应办理动火安全作业票，并进行动火分析

  C. 办理动火安全作业票时无须办理临时用电安全作业票

  D. 动火点周围或其下方的孔洞、窨井、地沟等，应采取措施进行遮盖

3. 根据《危险化学品企业特殊作业安全规范》（GB 30871—2022），受限空间作业的氧含量分析合格标准是（　　）。

  A. 大于 21%（体积分数）

B. 大于 23.5%（体积分数）

C. 19.5%~21%（体积分数）

D. 在富氧环境下不应大于 23.5%（体积分数）

4. 根据《危险化学品企业特殊作业安全规范》（GB 30871—2022），在进入受限空间内作业前，应对受限空间内的气体浓度进行严格检测，分析合格后才能进入。下列要求正确的是（　　）。

A. 作业前 30 min 内，对受限空间进行气体检测

B. 作业中断时间超过 60 min 时，应重新进行气体检测分析

C. 作业中断时间超过 45 min 时，应重新进行气体检测分析

D. 检测点应有代表性，容积较大的受限空间，应对上、中、下（左、中、右）各部位进行检测分析

5. 根据《危险化学品企业特殊作业安全规范》（GB 30871—2022），火灾爆炸危险场所是指能够与空气形成爆炸性混合物的气体、蒸气、粉尘等介质环境以及在（　　）等情况下可能引发火灾、爆炸的场所。

A. 高温　　　B. 受热　　　C. 摩擦　　　D. 撞击

E. 自燃

6. 根据《危险化学品企业特殊作业安全规范》（GB 30871—2022），特殊作业前，对参加作业的人员进行安全措施交底的内容主要包括（　　）。

A. 作业现场和作业过程中可能存在的危险、有害因素及采取的具体安全措施与应急措施

B. 会同作业人员了解和熟悉现场环境，进一步核实安全措施的可靠性，熟悉应急救援器材的位置及分布

C. 对将要开展特殊作业的人员进行介绍

D. 涉及断路、动土作业时，应对作业现场的地下隐蔽工程进行交底

7. 根据《危险化学品企业特殊作业安全规范》（GB 30871—2022），固定动火区外的动火作业，遇以下（　　）情况应升级管理。

A. 恶劣天气日　B. 公休日　　C. 节假日　　　D. 夜间

8. 根据《危险化学品企业特殊作业安全规范》（GB 30871—2022），下列关

于特级动火作业采取安全措施的表述，正确的是（　　）。

　　A. 应预先制定作业方案，落实安全防火防爆及应急措施

　　B. 在设备或管道上进行特级动火作业时，设备或管道内应保持微正压

　　C. 存在受热分解爆炸、自爆物料的管道和设备设施上不应进行动火作业

　　D. 生产装置运行不稳定时，应进行带压动火作业

9. 根据《危险化学品企业特殊作业安全规范》（GB 30871—2022），受限空间内作业时，下列关于受限空间内气体检测的表述，正确的是（　　）。

　　A. 现场应配置移动式气体检测报警仪

　　B. 需连续检测受限空间内可燃气体、有毒气体及氧气浓度

　　C. 应定时检测受限空间内可燃气体、有毒气体及氧气浓度

　　D. 应 2 h 记录 1 次受限空间内气体浓度

　　E. 当气体浓度超限报警时，应消除报警

10. 根据《危险化学品企业特殊作业安全规范》（GB 30871—2022），受限空间作业时，作业人员应采取的防护措施有（　　）。

　　A. 缺氧或有毒的受限空间经清洗或置换仍达不到要求的，应佩戴隔绝式呼吸防护装备，并正确拴带救生绳

　　B. 在受限空间内从事电焊作业时，应穿绝缘鞋

　　C. 在受限空间内从事清污作业，应佩戴过滤式面罩，并正确拴带救生绳

　　D. 在受限空间内作业时，应配备相应的通信工具

11. 根据《危险化学品企业特殊作业安全规范》（GB 30871—2022），下列关于受限空间作业对出入口管理要求的表述，不正确的是（　　）。

　　A. 出入口就是供作业人员出入的，人员进入受限空间后即可对出入口进行遮挡

　　B. 电缆线接入受限空间时，必须和人员共用一个出入口

　　C. 受限空间出入口应保持畅通

　　D. 停止作业期间，应在受限空间入口处增设警示标志

12. 根据《危险化学品企业特殊作业安全规范》（GB 30871—2022），下列关于盲板作业管理要求的表述，正确的是（　　）。

A. 要办理安全作业票

B. 同一盲板的抽、堵作业，可以只办理一张安全作业票

C. 同一盲板的抽、堵作业，应分别办理安全作业票

D. 一张安全作业票只能进行一块盲板的一项作业

13. 根据《危险化学品企业特殊作业安全规范》（GB 30871—2022），下列关于临时用电票有效期的表述，正确的是（　　）。

A. 临时用电时间一般不超过 15 天

B. 临时用电时间一般不超过 20 天

C. 特殊情况不应超过 30 天

D. 用于动火、受限空间作业的临时用电时间应和相应作业时间一致

14. 根据《危险化学品企业特殊作业安全规范》（GB 30871—2022），下列关于在夜间或雨、雪、雾天进行断路作业时设置道路作业警示灯的表述，正确的是（　　）。

A. 设置高度应离地面 1.5 m，不低于 1.0 m

B. 其设置应能反映作业区域的轮廓

C. 应能发出至少自 150 m 以外清晰可见的连续、闪烁或旋转的红光

D. 应能发出至少自 150 m 以外清晰可见的连续、闪烁或旋转的黄光

15. 根据《危险化学品企业特殊作业安全规范》（GB 30871—2022），在油气罐区防火堤内进行动火作业时，下列（　　）作业不能同时进行。

A. 巡检　　　B. 切水　　　C. 倒罐　　　D. 取样

16. 根据《危险化学品企业特殊作业安全规范》（GB 30871—2022），下列关于固定动火区管理要求的表述，正确的是（　　）。

A. 固定动火区的选址由承包商确定

B. 固定动火区的设定应由危险化学品企业审批后确定

C. 每年至少对固定动火区进行一次风险辨识

D. 固定动火区要设置明显标志

17. 根据《危险化学品企业特殊作业安全规范》（GB 30871—2022），下列关于安全作业票管理要求的表述，正确的是（　　）。

A. 安全作业票应规范填写，不得涂改

B. 安全作业票不能随身携带

C. 安全作业票应存档管理

D. 安全作业票应采用一联制

18. 根据《危险化学品企业特殊作业安全规范》（GB 30871—2022），下列关于动火安全作业票有效期的表述，正确的是（　　）。

A. 特级动火安全作业票有效期不应超过 8 h

B. 一级动火安全作业票有效期不应超过 8 h

C. 一级动火安全作业票有效期不应超过 24 h

D. 二级动火安全作业票有效期不应超过 72 h

19. 根据《危险化学品企业特殊作业安全规范》（GB 30871—2022），下列关于乙炔瓶管理要求的表述，正确的是（　　）。

A. 露天作业时，乙炔瓶应采取防晒措施

B. 乙炔瓶可卧放使用

C. 乙炔瓶与氧气瓶的间距不应小于 5 m

D. 乙炔瓶应安装防回火装置

20. 下列内容属于作业活动变更的是（　　）。

A. 作业范围变更　　　　　　B. 作业方式及工具变更

C. 作业人员变更　　　　　　D. 作业内容变更

## 三、判断题

1. 根据《危险化学品企业特殊作业安全规范》（GB 30871—2022），化工生产装置运行不稳定时，不应进行带压不置换动火作业。（　　）

2. 根据《危险化学品企业特殊作业安全规范》（GB 30871—2022），在有火灾爆炸危险性的场所进行动火前，应将检修系统与其他系统用盲板隔开，也可以采用水封隔开。（　　）

3. 根据《危险化学品企业特殊作业安全规范》（GB 30871—2022），受限空间作业是指进入或探入受限空间进行的作业。（　　）

4. 根据《危险化学品企业特殊作业安全规范》（GB 30871—2022），特殊作业前，危险化学品企业应对具有能量的设备设施、环境采取可靠的能量隔离措施。（　　）

5. 根据《危险化学品企业特殊作业安全规范》（GB 30871—2022），当人员在受限空间内作业出现意外时，监护人应立即进入受限空间实施救援。（　　）

# 参考答案及解析

## 一、单项选择题

1. C

【解析】根据《危险化学品企业特殊作业安全规范》（GB 30871—2022）第3.9条的规定，吊装作业是指利用各种吊装机具将设备、工件、器具、材料等吊起，使其发生位置变化的作业。

2. C

【解析】根据《危险化学品企业特殊作业安全规范》（GB 30871—2022）第3.10条的规定，临时用电是指正式运行的电源上所接的非永久性用电。

3. C

【解析】根据《危险化学品企业特殊作业安全规范》（GB 30871—2022）第4.8条的规定，当生产装置或作业现场出现异常，可能危及作业人员安全时，作业人员应立即停止作业，迅速撤离，并及时通知相关单位和人员。

4. C

【解析】根据《危险化学品企业特殊作业安全规范》（GB 30871—2022）第5.1.4条的规定，生产装置或系统全部停车，装置经清洗、置换、分析合格并采取安全隔离措施后，根据其火灾、爆炸危险性大小，经危险化学品企业生产负责人或安全管理负责人批准，动火作业可按二级动火作业管理。

5. A

【解析】根据《危险化学品企业特殊作业安全规范》（GB 30871—2022）第

5.2.1 条的规定，动火作业应有专人监护，作业前应清除动火现场及周围的易燃物品，或采取其他有效安全防火措施，并配备消防器材，满足作业现场应急需求。

6. B

【解析】根据《危险化学品企业特殊作业安全规范》（GB 30871—2022）第 5.2.9 条的规定，动火期间距动火点 30 m 内不应排放可燃气体；距动火点 15 m 内不应排放可燃液体。

7. A

【解析】根据《危险化学品企业特殊作业安全规范》（GB 30871—2022）第 5.2.9 条的规定，在动火点 10 m 范围内、动火点上方及下方不应同时进行可燃溶剂清洗或喷漆等作业。

8. A

【解析】根据《危险化学品企业特殊作业安全规范》（GB 30871—2022）第 3.11 条的规定，动土作业是指挖土、打桩、钻探、坑探、地锚入土深度在 0.5 m 以上；使用推土机、压路机等施工机械进行填土或平整场地等可能对地下隐蔽设施产生影响的作业。

9. A

【解析】根据《危险化学品企业特殊作业安全规范》（GB 30871—2022）第 5.3.1 条的规定，在管道、储罐、塔器等设备外壁上动火，应在距动火点 10 m 范围内进行气体分析。

10. D

【解析】根据《危险化学品企业特殊作业安全规范》（GB 30871—2022）第 6.1 条的规定，与受限空间连通的可能危及安全作业的管道不应采用水封或关闭阀门代替盲板作为隔断措施。

11. D

【解析】根据《危险化学品企业特殊作业安全规范》（GB 30871—2022）第 5.2.15 条的规定，遇五级风以上（含五级）天气，禁止露天动火作业；因生产确需动火，动火作业应升级管理。

12. B

【解析】根据《危险化学品企业特殊作业安全规范》（GB 30871—2022）第 5.3.1 条的规定，二级动火作业中断时间超过 60 min，应重新进行气体分析。

13. D

【解析】根据《危险化学品企业特殊作业安全规范》（GB 30871—2022）第 4.7 条的规定，同一作业区域应减少、控制多工种、多层次交叉作业，最大限度避免交叉作业。

14. A

【解析】根据《危险化学品企业特殊作业安全规范》（GB 30871—2022）第 4.10 条的规定，作业期间，监护人不应擅自离开作业现场且不应从事与监护无关的事。确需离开作业现场时，应收回安全作业票，中止作业。

15. A

【解析】根据《危险化学品企业特殊作业安全规范》（GB 30871—2022）第 5.3.1 条的规定，特级动火作业期间应连续对气体浓度进行监测。

16. B

【解析】根据《危险化学品企业特殊作业安全规范》（GB 30871—2022）第 4.13 条规定，作业现场可能危及安全的坑、井、沟、孔洞等周围，夜间应设警示红灯。

17. D

【解析】根据《危险化学品企业特殊作业安全规范》（GB 30871—2022）第 5.2.7 条的规定，在生产、使用、储存氧气的设备上进行动火作业时，设备内氧含量不应超过 23.5%（体积分数）。

18. D

【解析】《危险化学品企业特殊作业安全规范》（GB 30871—2022）附录列出，动火安全作业票中包含动火分析的具体数值、动火的起止时间、危害辨识和安全措施等内容。

19. D

【解析】根据《危险化学品企业特殊作业安全规范》（GB 30871—2022）第

6.4条的规定,受限空间内气体检测内容及要求如下:

(1) 氧气含量为19.5%~21%(体积分数),在富氧环境下不应大于23.5%(体积分数)。

(2) 有毒物质允许浓度应符合《工作场所有害因素职业接触限值 第1部分:化学有害因素》(GBZ 2.1—2019)的规定。

(3) 可燃气体、蒸气浓度要求应符合《危险化学品企业特殊作业安全规范》(GB 30871—2022)第5.3.2条的规定。

20. B

【解析】根据《危险化学品企业特殊作业安全规范》(GB 30871—2022)第4.6条的规定,同一作业涉及两种或两种以上特殊作业时,应同时执行各自作业要求,办理相应的作业审批手续。

21. C

【解析】根据《危险化学品企业特殊作业安全规范》(GB 30871—2022)第6.2条的规定,作业前,应保持受限空间内空气流通良好,可采取如下措施:

(1) 打开人孔、手孔、料孔、风门、烟门等与大气相通的设施进行自然通风。

(2) 必要时,可采用强制通风或管道送风,管道送风前应对管道内介质和风源进行分析确认。

(3) 在忌氧环境中作业,通风前应对作业环境中与氧性质相抵的物料采取卸放、置换或清洗合格的措施,达到可以通风的安全条件要求。

用管道向受限空间内输送氧气容易造成作业人员氧中毒。

22. B

【解析】根据《危险化学品企业特殊作业安全规范》(GB 30871—2022)第4.13条的规定,作业现场照明系统配置要求:

(1) 作业现场应设置满足作业要求的照明装备。

(2) 受限空间内使用的照明电压不应超过36 V,并满足安全用电要求;在潮湿容器、狭小容器内作业电压不应超过12 V;在盛装过易燃易爆气体、液体等介质的容器内作业使用防爆灯具;在可燃性粉尘爆炸环境作业时应采用符合相应防爆等级要求的灯具。

（3）作业现场可能危及安全的坑、井、沟、孔洞等周围，夜间应设警示红灯。

（4）动力和照明线路应分路设置。

23. C

【解析】根据《危险化学品企业特殊作业安全规范》（GB 30871—2022）第3.1条的规定，特殊作业是指危险化学品企业生产经营过程中可能涉及的动火、进入受限空间、盲板抽堵、高处作业、吊装、临时用电、动土、断路等，对作业者本人、他人及周围建（构）筑物、设备设施可能造成危害或损毁的作业。

24. B

【解析】根据《危险化学品企业特殊作业安全规范》（GB 30871—2022）第3.2条的规定，火灾爆炸危险场所是指能够与空气形成爆炸性混合物的气体、蒸气、粉尘等介质环境以及在高温、受热、摩擦、撞击、自燃等情况下可能引发火灾、爆炸的场所。

25. B

【解析】根据《危险化学品企业特殊作业安全规范》（GB 30871—2022）第3.4条的规定，动火作业是指在直接或间接产生明火的工艺设施以外的禁火区内从事可能产生火焰、火花或炽热表面的非常规作业。

26. D

【解析】根据《危险化学品企业特殊作业安全规范》（GB 30871—2022）第3.3条的规定，固定动火区是指在非火灾爆炸危险场所划出的专门用于动火的区域。

27. C

【解析】根据《危险化学品企业特殊作业安全规范》（GB 30871—2022）第3.5条的规定，受限空间是指进出受限，通风不良，可能存在易燃易爆、有毒有害物质或缺氧，对进入人员的身体健康和生命安全构成威胁的封闭、半封闭设施及场所。

28. B

【解析】根据《危险化学品企业特殊作业安全规范》（GB 30871—2022）第

3.8 条的规定，高处作业是指在距坠落基准面 2 m 及以上有可能坠落的高处进行的作业。

29. B

【解析】根据《危险化学品企业特殊作业安全规范》（GB 30871—2022）第 3.8 条的规定，坠落基准面是指坠落处最低点的水平面。

30. A

【解析】根据《危险化学品企业特殊作业安全规范》（GB 30871—2022）第 6.5 条的规定，进入受限空间作业时，作业现场应配置移动式气体检测报警仪，连续检测受限空间内可燃气体、有毒气体及氧气浓度。

31. D

【解析】根据《危险化学品企业特殊作业安全规范》（GB 30871—2022）第 6.10 条的规定，受限空间安全作业票有效期不应超过 24 h。

32. B

【解析】根据《危险化学品企业特殊作业安全规范》（GB 30871—2022）第 8.2.11 条的规定，高处作业票的有效期最长为 7 天。

33. C

【解析】根据《危险化学品企业特殊作业安全规范》（GB 30871—2022）第 11.10 条的规定，在生产装置区、罐区等危险场所动土时，遇有埋设的易燃易爆、有毒有害介质管线、窨井等可能引起燃烧、爆炸、中毒、窒息危险，且挖掘深度超过 1.2 m 时，应执行受限空间作业相关规定。

34. A

【解析】根据《危险化学品企业特殊作业安全规范》（GB 30871—2022）第 5.2.11 条的规定，特级动火作业应采集全过程作业影像。

35. A

【解析】根据《危险化学品企业特殊作业安全规范》（GB 30871—2022）的规定，开展动火作业前应办理作业票，在气体检测分析合格后方能进行审批，审批后方可实施作业。

## 二、多项选择题

1. AD

**【解析】** 根据《危险化学品企业特殊作业安全规范》（GB 30871—2022）第 5.2.13 条的规定，使用气焊、气割动火作业时，乙炔瓶应直立放置，不应卧放使用；氧气瓶与乙炔瓶间距不应小于 5 m，二者与动火点间距不应小于 10 m，并采取防晒和防倾倒措施；乙炔瓶应安装防回火装置。

2. ABD

**【解析】** 根据《危险化学品企业特殊作业安全规范》（GB 30871—2022）第 4.6 条和第 5.2.4 条的规定，同一作业涉及两种或两种以上特殊作业时，应同时执行各自作业要求，办理相应的作业审批手续。动火点周围或其下方如有可燃物、电缆桥架、孔洞、窨井、地沟、水封设施、污水井等，应检查分析并采取清理或封盖等措施。

3. CD

**【解析】** 根据《危险化学品企业特殊作业安全规范》（GB 30871—2022）第 6.4 条的规定，受限空间内气体检测氧含量分析合格标准为：氧气含量为 19.5%～21%（体积分数），在富氧环境下不应大于 23.5%（体积分数）。

4. ABD

**【解析】** 根据《危险化学品企业特殊作业安全规范》（GB 30871—2022）第 6.3 条的规定，作业前应确保受限空间内的气体环境满足作业要求，内容如下：

（1）作业前 30 min 内，对受限空间进行气体检测，检测分析合格后方可进入。

（2）检测点应有代表性，容积较大的受限空间，应对上、中、下（左、中、右）各部位进行检测分析。

（3）检测人员进入或探入受限空间检测时，应佩戴《危险化学品企业特殊作业安全规范》（GB 30871—2022）第 6.6 条规定的个体防护装备。

（4）涂刷具有挥发性溶剂的涂料时，应采取强制通风措施。

（5）不应向受限空间充纯氧或富氧空气。

（6）作业中断时间超过60 min时，应重新进行气体检测分析。

5. ABCDE

**【解析】** 根据《危险化学品企业特殊作业安全规范》（GB 30871—2022）第3.2条的规定，火灾爆炸危险场所是指能够与空气形成爆炸性混合物的气体、蒸气、粉尘等介质环境以及在高温、受热、摩擦、撞击、自燃等情况下可能引发火灾、爆炸的场所。

6. ABD

**【解析】** 根据《危险化学品企业特殊作业安全规范》（GB 30871—2022）第4.4条的规定，特殊作业前，危险化学品企业应对参加作业的人员进行安全措施交底，主要包括：

（1）作业现场和作业过程中可能存在的危险、有害因素及采取的具体安全措施与应急措施。

（2）会同作业单位组织作业人员到作业现场，了解和熟悉现场环境，进一步核实安全措施的可靠性，熟悉应急救援器材的位置及分布。

（3）涉及断路、动土作业时，应对作业现场的地下隐蔽工程进行交底。

7. ABCD

**【解析】** 根据《危险化学品企业特殊作业安全规范》（GB 30871—2022）第5.1.1条的规定，遇节假日、公休日、夜间或其他特殊情况，动火作业应升级管理。恶劣天气日属于其他特殊情况。

8. ABC

**【解析】** 根据《危险化学品企业特殊作业安全规范》（GB 30871—2022）第5.4.2条的规定，特级动火作业除符合动火作业基本要求，做好动火分析满足合格判定指标外，还应符合以下规定：

（1）应预先制定作业方案，落实安全防火防爆及应急措施。

（2）在设备或管道上进行特级动火作业时，设备或管道内应保持微正压。

（3）存在受热分解爆炸、自爆物料的管道和设备设施上不应进行动火作业。

（4）生产装置运行不稳定时，不应进行带压不置换动火作业。

9. ABD

【解析】根据《危险化学品企业特殊作业安全规范》（GB 30871—2022）第 6.5 条的规定，进入受限空间作业时，作业现场应配置移动式气体检测报警仪，连续检测受限空间内可燃气体、有毒气体及氧气浓度，并 2 h 记录 1 次；气体浓度超限报警时，应立即停止作业、撤离人员、对现场进行处理，重新检测合格后方可恢复作业。

10. ABD

【解析】根据《危险化学品企业特殊作业安全规范》（GB 30871—2022）第 6.6 条的规定，进入受限空间作业人员应正确穿戴相应的个体防护装备。进入下列受限空间作业应采取如下防护措施：

（1）缺氧或有毒的受限空间经清洗或置换仍达不到《危险化学品企业特殊作业安全规范》（GB 30871—2022）第 6.4 条要求的，应佩戴满足《呼吸防护用品的选择、使用与维护》（GB/T 18664—2007）要求的隔绝式呼吸防护装备，并正确拴带救生绳。

（2）易燃易爆的受限空间经清洗或置换仍达不到《危险化学品企业特殊作业安全规范》（GB 30871—2022）第 6.4 条要求的，应穿防静电工作服及工作鞋，使用防爆工器具。

（3）存在酸碱等腐蚀性介质的受限空间，应穿戴防酸碱防护服、防护鞋、防护手套等防腐蚀装备。

（4）在受限空间内从事电爆作业时，应穿绝缘鞋。

（5）有噪声产生的受限空间，应佩戴耳塞或耳罩等防噪声护具。

（6）有粉尘产生的受限空间，应在满足《粉尘防爆安全规程》（GB 15577—2018）要求的条件下，按《个体防护装备配备规范 第 1 部分：总则》（GB 39800.1—2020）要求佩戴防尘口罩等防尘护具。

（7）高温的受限空间，应穿戴高温防护用品，必要时采取通风、隔热等防护措施。

（8）低温的受限空间，应穿戴低温防护用品，必要时采取供暖措施。

（9）在受限空间内从事清污作业，应佩戴隔绝式呼吸防护装备，并正确拴带救生绳。

（10）在受限空间内作业时，应配备相应的通信工具。

11. AB

【解析】根据《危险化学品企业特殊作业安全规范》（GB 30871—2022）第6.9条的规定，受限空间出入口应保持畅通；接入受限空间的电线、电缆、通气管应在进口处进行保护或加强绝缘，应避免与人员出入使用同一出入口；停止作业期间，应在受限空间入口处增设警示标志，并采取防止人员误入的措施。

12. ACD

【解析】根据《危险化学品企业特殊作业安全规范》（GB 30871—2022）第7.11条的规定，同一盲板的抽、堵作业，应分别办理盲板抽、堵安全作业票，一张安全作业票只能进行一块盲板的一项作业。

13. ACD

【解析】根据《危险化学品企业特殊作业安全规范》（GB 30871—2022）第10.8条的规定，临时用电时间一般不超过15天，特殊情况不应超过30天；用于动火、受限空间作业的临时用电时间应和相应作业时间一致；用电结束后，用电单位应及时通知供电单位拆除临时用电线路。

14. ABC

【解析】根据《危险化学品企业特殊作业安全规范》（GB 30871—2022）第12.4条的规定，在夜间或雨、雪、雾天进行断路作业时设置的道路作业警示灯，应满足以下要求：

（1）设置高度应离地面1.5 m，不低于1.0 m。

（2）其设置应能反映作业区域的轮廓。

（3）应能发出至少自150 m以外清晰可见的连续、闪烁或旋转的红光。

15. BCD

【解析】根据《危险化学品企业特殊作业安全规范》（GB 30871—2022）第5.2.8条的规定，在油气罐区防火堤内进行动火作业时，不应同时进行切水、取样作业。倒罐作业时也可能出现物料泄漏，不能同时进行。

16. BCD

【解析】根据《危险化学品企业特殊作业安全规范》（GB 30871—2022）第

5.5.1 条的规定，固定动火区的设定应由危险化学品企业审批后确定，设置明显标志；应每年至少对固定动火区进行一次风险辨识，周围环境发生变化时，应及时辨识、重新划定。

17. AC

【解析】根据《危险化学品企业特殊作业安全规范》（GB 30871—2022）附录 B 的规定，安全作业票应规范填写，不得涂改；作业票一式三联，应至少保存一年。

18. ABD

【解析】根据《危险化学品企业特殊作业安全规范》（GB 30871—2022）第 5.1.5 条的规定，特级、一级动火安全作业票有效期不应超过 8 h；二级动火安全作业票有效期不应超过 72 h。

19. ACD

【解析】根据《危险化学品企业特殊作业安全规范》（GB 30871—2022）第 5.2.13 条的规定，乙炔瓶应直立放置，不应卧放使用；氧气瓶与乙炔瓶的间距不应小于 5 m，二者与动火点间距不应小于 10 m，并应采取防晒和防倾倒措施；乙炔瓶应安装防回火装置。

20. ABCD

【解析】根据《关于加强化工过程安全管理的指导意见》（安监总管三〔2013〕88 号）的规定，作业活动变更包括作业范围变更、作业方式及工具变更、作业人员变更、作业内容变更。

### 三、判断题

1. 正确

【解析】根据《危险化学品企业特殊作业安全规范》（GB 30871—2022）第 5.4.2 条的规定，生产装置运行不稳定时，不应进行带压不置换动火作业。

2. 错误

【解析】根据《危险化学品企业特殊作业安全规范》（GB 30871—2022）第 5.2.2 的规定，凡在盛有或盛装过助燃或易燃易爆危险化学品的设备、管道等生产、储存设施及该标准规定的火灾爆炸危险场所中生产设备上的动火作业,应将上述设备设施与生产系统彻底断开或隔离,不应以水封或仅关闭阀门代替盲板作为隔断措施。

3. 正确

【解析】根据《危险化学品企业特殊作业安全规范》(GB 30871—2022)第3.6条的规定,受限空间作业是指进入或探入受限空间进行的作业。

4. 正确

【解析】根据《危险化学品企业特殊作业安全规范》(GB 30871—2022)第4.2条的规定,特殊作业前,危险化学品企业应采取措施对拟作业的设备设施、管线进行处理,确保满足相应作业安全要求,其中对具有能量的设备设施、环境应采取可靠的能量隔离措施。

5. 错误

【解析】根据《危险化学品企业特殊作业安全规范》(GB 30871—2022)第6.9条的规定,作业期间发生异常情况时,未穿戴符合要求的个体防护装备的人员严禁入内救援。

## 第八节 储运安全管理

### 习 题

一、单项选择题

1. 根据《石油化工企业设计防火标准(2018年版)》(GB 50160—2008),储存( )类的液体应选用金属浮舱式的浮顶或内浮顶罐。

  A. 甲$_A$    B. 乙$_B$    C. 甲$_B$、乙$_A$    D. 丙$_A$

2. 根据《石油化工企业设计防火标准(2018年版)》(GB 50160—2008),可燃液体的压力储罐可与液化烃的( )储罐同组布置。

A. 低压力　　B. 常压力　　C. 全压力　　D. 高压力

3. 根据《石油化工企业设计防火标准（2018年版）》（GB 50160—2008），可燃液体储罐防火堤内的有效容积不应小于罐组内1个最大储罐的容积，当浮顶、内浮顶罐组不能满足此要求时，应设置事故存液池储存剩余部分，但罐组防火堤内的有效容积不应小于罐组内1个最大储罐容积的（　　）。

A. 1/3　　B. 1/2　　C. 2/3　　D. 100%

4. 根据《石油化工企业设计防火标准（2018年版）》（GB 50160—2008），可燃液体储罐隔堤内有效容积不应小于隔堤内1个最大储罐容积的（　　）。

A. 10%　　B. 20%　　C. 30%　　D. 40%

5. 根据《石油化工企业设计防火标准（2018年版）》（GB 50160—2008），A、B两台5 000 m³内浮顶储罐（储罐直径为$D$）储存汽油，A、B储罐间防火间距不应小于（　　）。

A. 0.75$D$　　B. 0.4$D$　　C. 0.3$D$　　D. $D$

6. 根据《石油化工企业设计防火标准（2018年版）》（GB 50160—2008），可燃液体储罐防火堤及隔堤应能承受所容纳液体的（　　），且不应渗漏。

A. 高压　　B. 低压　　C. 静压　　D. 常压

7. 根据《石油化工企业设计防火标准（2018年版）》（GB 50160—2008），构成重大危险源的两排液化烃卧罐的间距不应小于（　　）。

A. 3 m　　B. 4 m　　C. 5 m　　D. 6 m

8. 根据《石油化工企业设计防火标准（2018年版）》（GB 50160—2008），（　　）类液体的装卸车应采用液下装卸车鹤管。

A. 甲　　B. 乙$_A$　　C. 丙　　D. 甲$_B$、乙$_A$、丙$_A$

9. 根据《石油化工企业设计防火标准（2018年版）》（GB 50160—2008），在使用或产生甲类气体或甲、乙$_A$类液体的工艺装置、系统单元和储运设施区，应按区域控制和重点控制相结合的原则，设置（　　）。

A. 可燃气体报警系统　　B. 有毒气体报警系统
C. 24 h监控岗位　　D. 紧急通信系统

10. 对剧毒化学品以及储存数量构成重大危险源的其他危险化学品，储存单位应当将其储存数量、储存地点以及管理人员的情况，报（    ）和公安机关备案。

  A. 所在地县级人民政府应急管理部门

  B. 所在地县级工商管理局

  C. 所在地县级人民政府

  D. 所在地县级环保局

11. 爆炸物品、（    ）易燃物品、遇湿燃烧物品、剧毒物品不得露天堆放。

  A. 一级  B. 二级  C. 三级  D. 以上都是

12. 储存危险化学品的单位应当建立危险化学品出入库（    ）制度。

  A. 核查、登记  B. 防火管理

  C. 应急管理  D. 防爆管理

13. 生产、储存剧毒化学品、易制爆危险化学品的单位，应当设置（    ）机构，配备（    ）治安保卫人员。

  A. 治安保卫，专职  B. 治安保卫，兼职

  C. 安全环保，专职  D. 安全消防，专职

14. 易燃液体、遇湿易燃物品、易燃固体不得与（    ）混合储存，具有还原性氧化剂应单独存放。

  A. 氧化剂  B. 还原剂  C. 催化剂  D. 钝化剂

15. 盛装液化气体的容器属压力容器的，必须有（    ），并定期检查，不得超装。

  A. 压力表、温度表、安全阀、紧急切断装置

  B. 温度表、安全阀、紧急切断装置

  C. 压力表、安全阀、紧急切断装置

  D. 压力表、温度表、紧急切断装置

## 二、多项选择题

1. 多品种的可燃液体罐组内设置隔堤应满足的要求有（    ）。

A. 甲$_B$、乙$_A$类液体与其他类可燃液体储罐之间

B. 水溶性与非水溶性可燃液体储罐之间

C. 相互接触能引起化学反应的可燃液体储罐之间

D. 助燃剂、强氧化剂及具有腐蚀性液体储罐与可燃液体储罐之间

2. 遇火、遇热、遇潮能引起燃烧、爆炸或发生化学反应，产生有毒气体的危险化学品不得在（　　）的建筑物中储存。

A. 露天　　　B. 潮湿　　　C. 积水　　　D. 封闭

3. 受日光照射能发生化学反应引起（　　）或能产生有毒气体的危险化学品应储存在一级建筑物中。

A. 爆炸　　　B. 腐蚀　　　C. 分解　　　D. 化合

4. 有毒物品应储存在（　　）的场所，不要露天存放，不要接近酸类物质。

A. 阴凉　　　B. 通风　　　C. 干燥　　　D. 潮湿

5. 某危险化学品储运公司拥有一个危险化学品库区，内设有 3 个危险化学品仓库，一个存有苯、甲苯、硫黄、黄磷 4 种易燃物质，一个存有氧气，一个存有氮气、氩气等气体。某天，有一辆运输车向仓库运送 20 桶甲苯，在下列操作过程中，（　　）是允许的。

A. 使用铜制工具进行装卸，避免撞击产生火花

B. 装卸人员穿防静电工作服，避免引起静电火花

C. 装卸时轻搬轻放，防止摩擦和撞击

D. 在库房内开桶检查，避免外界热源或火源影响

6. 盛装（　　）类液体的容器存放在室外时应设防晒降温设施。

A. 甲　　　B. 乙　　　C. 丙　　　D. 戊

7. 危险化学品储存安排取决于化学危险品（　　）和消防的要求。

A. 分类　　　B. 分项　　　C. 容器类型　　　D. 储存方式

8. 根据《常用化学危险品贮存通则》（GB 15603—1995），危险化学品储存方式分为（　　）。

A. 隔离储存　　　B. 隔开储存　　　C. 分离储存　　　D. 分库储存

9. 压缩气体和液化气体必须与（　　）隔离储存。

A. 腐蚀性物品　　　　　　B. 爆炸物品

C. 氧化剂　　　　　　　　D. 易燃自燃物品

10. 根据《常用化学危险品贮存通则》（GB 15603—1995），易燃气体不得与（　　）同储。

A. 助燃气体　B. 剧毒气体　C. 易燃物品　D. 腐蚀性物品

11. 对剧毒化学品以及储存数量构成重大危险源的其他危险化学品，储存单位应当将其（　　）的情况，报所在地县级人民政府应急管理部门（在港区内储存的，报港口行政管理部门）和公安机关备案。

A. 储存数量　B. 储存地点　C. 储存方式　D. 管理人员

12. 可燃气体、助燃气体、液化烃和可燃液体的（　　）等，均应采用不燃烧材料。

A. 储罐基础　B. 防火堤　C. 隔堤　D. 管架（墩）

13. 比空气轻的可燃气体压缩机（　　）或（　　）厂房的顶部应采取通风措施。

A. 半敞开式　B. 封闭式　C. 敞开式　D. 框架式

### 三、判断题

1. 爆炸物品不准和其他类物品同储，必须单独隔离限量储存。（　　）

2. 禁止在危险化学品储存区域内堆积可燃废弃物品。（　　）

3. 储存化学危险品建筑物内应根据仓库条件安装自动监测和火灾报警系统。（　　）

4. 沸溢性液体的储罐可与非沸溢性液体储罐同组布置。（　　）

5. 光气、氯气等剧毒气体化学品管道可穿（跨）越公共区域。（　　）

6. 国家鼓励危险化学品生产企业和使用危险化学品从事生产的企业，采用有利于提高安全保障水平的先进技术、工艺、设备以及自动控制系统，鼓励对危险化学品实行分散储存、分散销售。（　　）

7. 生产、储存危险化学品的企业，应当对本企业的安全生产条件每 5 年进行一次安全评价，提出安全评价报告。（　　）

8. 危险化学品管道与公共场所以及建筑物的距离应当符合有关法律、行政法规和国家标准、行业标准的规定。（  ）

9. 散发比空气重的甲类气体、有爆炸危险性粉尘或可燃纤维的封闭厂房应采用不发生火花的地面。（  ）

10. 设有事故存液池的罐组应设导液管（沟），使溢漏液体能顺利地流出罐组并自流入存液池内。（  ）

# 参考答案及解析

## 一、单项选择题

1. C

【解析】根据《石油化工企业设计防火标准（2018年版）》（GB 50160—2008）第6.2.2条的规定，储存甲$_B$、乙$_A$类的液体应选用金属浮舱式的浮顶或内浮顶罐。对于有特殊要求的物料或储罐容积小于等于200 m³的储罐，在采取相应安全措施后可选用其他型式的储罐。

2. C

【解析】根据《石油化工企业设计防火标准（2018年版）》（GB 50160—2008）第6.2.5条的规定，可燃液体的压力储罐可与液化烃的全压力储罐同组布置。

3. B

【解析】根据《石油化工企业设计防火标准（2018年版）》（GB 50160—2008）第6.2.12条的规定，防火堤内的有效容积不应小于罐组内1个最大储罐的容积，当浮顶、内浮顶罐组不能满足此要求时，应设置事故存液池储存剩余部分，但罐组防火堤内的有效容积不应小于罐组内1个最大储罐容积的一半。

4. A

【解析】根据《石油化工企业设计防火标准（2018年版）》（GB 50160—

2008）第6.2.12条的规定，隔堤内有效容积不应小于隔堤内1个最大储罐容积的10%。

5. B

【解析】根据《石油化工企业设计防火标准（2018年版）》（GB 50160—2008）第6.2.8条的规定，内浮顶罐防火间距不应小于0.4$D$。

6. C

【解析】根据《石油化工企业设计防火标准（2018年版）》（GB 50160—2008）第6.2.17条的规定，防火堤及隔堤应能承受所容纳液体的静压，且不应渗漏。

7. A

【解析】根据《石油化工企业设计防火标准（2018年版）》（GB 50160—2008）第6.3.4条的规定，两排液化烃卧罐的间距不应小于3 m。

8. D

【解析】根据《石油化工企业设计防火标准（2018年版）》（GB 50160—2008）第6.4.1条的规定，甲$_B$、乙、丙$_A$类液体的装卸车应采用液下装卸车鹤管。

9. A

【解析】根据《石油化工企业设计防火规范（2018年版）》（GB 50160—2008）第5.1.3条的规定，在使用或产生甲类气体或甲、乙类液体的工艺装置、系统单元和储运设施内，应按区域控制和重点控制相结合的原则，设置可燃气体报警系统。

10. A

【解析】根据《危险化学品安全管理条例》第二十五条的规定，对剧毒化学品以及储存数量构成重大危险源的其他危险化学品，储存单位应当将其储存数量、储存地点以及管理人员的情况，报所在地县级人民政府安全生产监督管理部门（在港区内储存的，报港口行政管理部门）和公安机关备案。

11. A

【解析】根据《常用化学危险品贮存通则》（GB 15603—1995）第4.3条的

规定，化学危险品露天堆放，应符合防火、防爆的安全要求，爆炸物品、一级易燃物品、遇湿燃烧物品、剧毒物品不得露天堆放。

12. A

【解析】根据《危险化学品安全管理条例》第二十五条的规定，储存危险化学品的单位应当建立危险化学品出入库核查、登记制度。

13. A

【解析】根据《危险化学品安全管理条例》第二十三条的规定，生产、储存剧毒化学品、易制爆危险化学品的单位，应当设置治安保卫机构，配备专职治安保卫人员。

14. A

【解析】根据《常用化学危险品贮存通则》（GB 15603—1995）第6.7条的规定，易燃液体、遇湿易燃物品、易燃固体不得与氧化剂混合储存，具有还原性氧化剂应单独存放。

15. C

【解析】根据《常用化学危险品贮存通则》（GB 15603—1995）第6.6条的规定，盛装液化气体的容器属压力容器的，必须有压力表、安全阀、紧急切断装置。

## 二、多项选择题

1. ABCD

【解析】根据《石油化工企业设计防火标准（2018年版）》（GB 50160—2008）第6.2.16条的规定，多品种的液体罐组内应按下列要求设置隔堤：

（1）甲$_B$、乙$_A$类液体与其他类可燃液体储罐之间。

（2）水溶性与非水溶性可燃液体储罐之间。

（3）相互接触能引起化学反应的可燃液体储罐之间。

（4）助燃剂、强氧化剂及具有腐蚀性液体储罐与可燃液体储罐之间。

2. ABC

【解析】根据《常用化学危险品贮存通则》（GB 15603—1995）第6.3条的

规定，遇火、遇热、遇潮能引起燃烧、爆炸或发生化学反应，产生有毒气体的危险化学品不得在露天或在潮湿、积水的建筑物中储存。

3. ACD

【解析】根据《常用化学危险品贮存通则》（GB 15603—1995）第6.4条的规定，受日光照射能发生化学反应引起燃烧、爆炸、分解、化合或能产生有毒气体的化学危险品应储存在一级建筑物中。

4. ABC

【解析】根据《常用化学危险品贮存通则》（GB 15603—1995）第6.8条的规定，有毒物品应储存在阴凉、通风、干燥的场所，不要露天存放，不要接近酸类物质。

5. ABC

【解析】根据《易燃易爆性商品储存养护技术条件》（GB 17914—2013）第8.5条的规定，库房内不应进行分装、改装、开箱、开通、验收等，以上活动应在库房外进行。

6. AB

【解析】根据《石油化工企业设计防火标准（2018年版）》（GB 50160—2008）第6.6.6条的规定，盛装甲、乙类液体的容器存放在室外时应设防晒降温设施。

7. ABCD

【解析】根据《常用化学危险品贮存通则》（GB 15603—1995）第6.1条的规定，危险化学品储存安排取决于化学危险品分类、分项、容器类型、储存方式和消防的要求。

8. ABC

【解析】根据《常用化学危险品贮存通则》（GB 15603—1995）第4.7条的规定，危险化学品的储存方式分为隔离储存、隔开储存和分离储存3种。

9. ABCD

【解析】根据《常用化学危险品贮存通则》（GB 15603—1995）第6.6条的规定，压缩气体和液化气体必须与爆炸物品、氧化剂、易燃自燃物品、腐蚀性物品隔离储存。

10. AB

【解析】根据《常用化学危险品贮存通则》(GB 15603—1995)第6.6条的规定，易燃气体不得与助燃气体、剧毒气体同储。

11. ABD

【解析】根据《危险化学品安全管理条例》第二十五条的规定，对剧毒化学品以及储存数量构成重大危险源的其他危险化学品，储存单位应当将其储存数量、储存地点以及管理人员的情况，报所在地县级人民政府安全生产监督管理部门（在港区内储存的，报港口行政管理部门）和公安机关备案。

12. ABCD

【解析】根据《石油化工企业设计防火标准（2018年版）》(GB 50160—2008)第6.1.1条的规定，可燃气体、助燃气体、液化烃和可燃液体的储罐基础、防火堤、隔堤及管架（墩）等，均应采用不燃烧材料。

13. AB

【解析】根据《石油化工企业设计防火标准（2018年版）》(GB 50160—2008)第5.3.1条规定，比空气轻的可燃气体压缩机半敞开式或封闭式厂房的顶部应采取通风措施。

## 三、判断题

1. 正确

【解析】根据《常用化学危险品贮存通则》(GB 15603—1995)第6.5条的规定，爆炸物品不准和其他类物品同储，必须单独隔离限量储存。

2. 正确

【解析】根据《常用化学危险品贮存通则》(GB 15603—1995)第10.1条的规定，禁止在化学危险品储存区域内堆积可燃废弃物品。

3. 正确

【解析】根据《常用化学危险品贮存通则》(GB 15603—1995)第9.2条的规定，储存化学危险品建筑物内应根据仓库条件安装自动监测和火灾报警系统。

4. 错误

【解析】根据《石油化工企业设计防火标准（2018 年版）》（GB 50160—2008）第 6.2.5 条的规定，沸溢性液体的储罐不应与非沸溢性液体储罐同组布置。

5. 错误

【解析】根据《危险化学品输送管道安全管理规定》第七条的规定，光气、氯气等剧毒气体化学品管道不可穿（跨）越公共区域。

6. 错误

【解析】根据《危险化学品安全管理条例》第十条的规定，国家鼓励危险化学品生产企业和使用危险化学品从事生产的企业采用有利于提高安全保障水平的先进技术、工艺、设备以及自动控制系统，鼓励对危险化学品实行专门储存、统一配送、集中销售。

7. 错误

【解析】根据《危险化学品安全管理条例》第二十二条的规定，生产、储存危险化学品的企业，应当委托具备国家规定的资质条件的机构，对本企业的安全生产条件每 3 年进行一次安全评价，提出安全评价报告。

8. 正确

【解析】根据《危险化学品输送管道安全管理规定》第八条的规定，危险化学品管道与居民区、学校等公共场所以及建筑物、构筑物、铁路、公路、航道、港口、市政设施、通信设施、军事设施、电力设施的距离应当符合有关法律、行政法规和国家标准、行业标准的规定。

9. 正确

【解析】根据《石油化工企业设计防火标准（2018 年版）》（GB 50160—2008）第 5.7.4 条的规定，散发比空气重的甲类气体、有爆炸危险性粉尘或可燃纤维的封闭厂房应采用不发生火花的地面。

10. 正确

【解析】根据《石油化工企业设计防火标准（2018 年版）》（GB 50160—2008）第 6.2.18 条的规定，设有事故存液池的罐组应设导液管（沟），使溢漏液体能顺利地流出罐组并自流入存液池内。

## 第九节　消防安全管理

## 习　题

一、单项选择题

1. 储罐喷淋系统的喷淋水进水立管下端应设（　　）。
   A. 导淋　　　　B. 过滤器　　　　C. 单向阀　　　　D. 排渣口

2. 根据《石油化工企业设计防火标准（2018年版）》（GB 50160—2008），维持管网的消防水压力大于或等于0.7 MPa的消防水系统称为（　　）。
   A. 稳高压消防水系统　　　　B. 消火栓灭火系统
   C. 自动消防喷淋系统　　　　D. 中压消防水系统

3. 消防水冲洗收集后排向（　　）。
   A. 城市污水系统　　　　B. 附近河流、湖泊
   C. 生产污水处理系统　　　　D. 排水暗渠

4. 根据《石油化工企业设计防火标准（2018年版）》（GB 50160—2008），罐区泡沫站应布置在罐组防火堤外的（　　），与可燃液体罐的防火间距不宜小于20 m。
   A. 消防泵房　　　　B. 防火区域
   C. 防爆区　　　　D. 非防爆区

5. 根据《石油化工企业设计防火标准（2018年版）》（GB 50160—2008），布置在爆炸危险区的在线分析仪表间内设备为非防爆型时，在线分析仪表间应（　　）。
   A. 负压通风　　　　B. 完全隔离
   C. 强化内外对流　　　　D. 正压通风

6. 根据《石油化工企业设计防火标准（2018年版）》（GB 50160—2008），

当消防用水由工厂水源直接供给时,工厂给水管网的进水管不应少于(　　)条。

A. 1　　　　　B. 2　　　　　C. 3　　　　　D. 4

7. 根据《中华人民共和国消防法》,对损坏、挪用或者擅自拆除、停用消防设施、器材的单位,责令改正,处以(　　)的罚款。

A. 2 000 元以上 1 万元以下　　B. 5 000 元以上 2 万元以下

C. 5 000 元以上 5 万元以下　　D. 2 万元以上 5 万元以下

8. 根据《中华人民共和国消防法》,对消防设施、器材或者消防安全标志的配置、设置不符合国家标准、行业标准,或者未保持完好有效的单位,责令改正,处以(　　)的罚款。

A. 5 000 元以上 5 万元以下　　B. 5 000 元以上 2 万元以下

C. 2 000 元以上 2 万元以下　　D. 2 万元以上 5 万元以下

9. 根据《石油化工企业设计防火标准(2018 年版)》(GB 50160—2008),消防水泵房宜与生活或生产水泵房合建,其耐火等级不应低于(　　)级。

A. 一　　　　B. 二　　　　C. 三　　　　D. 四

10. 根据《石油化工企业设计防火标准(2018 年版)》(GB 50160—2008),可燃液体着火罐为立式储罐时,距着火罐罐壁(　　)倍着火罐直径范围内的相邻罐应进行冷却。

A. 1　　　　B. 1.3　　　　C. 1.5　　　　D. 2

11. 根据《石油化工企业设计防火标准(2018 年版)》(GB 50160—2008),可燃液体地上立式储罐罐壁高于 17 m 储罐、容积等于或大于 10 000 m³ 储罐、容积等于或大于 2 000 m³ 低压储罐应设置(　　)。

A. 消防水炮和消火栓系统　　B. 固定式消防冷却水系统

C. 移动式消防冷却水系统　　D. 移动式水喷雾(水喷淋)系统

12. 使用手提式干粉灭火器灭火时,应选择上风位置接近火点,将胶管对准(　　)喷射。

A. 火焰根部　B. 火焰头部　C. 火焰中部　D. 火焰上部

13. 根据《建筑灭火器配置验收及检查规范》(GB 50444—2008),干粉灭火器的首次维修时间为（　　）。

  A. 出厂期满 5 年     B. 出厂期满 3 年

  C. 出厂期满 7 年     D. 出厂期满 6 年

14. 根据《石油化工企业设计防火标准（2018 年版）》（GB 50160—2008），对工艺装置内手提式干粉灭火器的配置要求，甲类装置灭火器的最大保护距离不宜超过（　　）。

  A. 9 m   B. 12 m   C. 15 m   D. 20 m

15. 根据《石油化工企业设计防火标准（2018 年版）》（GB 50160—2008），工艺装置内每一配置点的手提式干粉型灭火器数量不应少于（　　）个。

  A. 1   B. 2   C. 3   D. 4

16. 根据《石油化工企业设计防火标准（2018 年版）》（GB 50160—2008），地上式消火栓的大口径出水口应面向（　　）。

  A. 道路   B. 消防泵房   C. 着火点   D. 罐区

17. 根据《石油化工企业设计防火标准（2018 年版）》（GB 50160—2008），消火栓的保护半径不应超过（　　）。

  A. 100 m   B. 120 m   C. 150 m   D. 80 m

18. 根据《石油化工企业设计防火标准（2018 年版）》（GB 50160—2008），单罐容积大于等于 50 000 $m^3$ 的甲、乙类液体储罐与居民区、公共福利设施、村庄的防火间距不应小于（　　）。

  A. 80 m   B. 85 m   C. 100 m   D. 120 m

19. 根据《中华人民共和国消防法》的规定，下列关于灭火救援的表述，正确的是（　　）。

  A. 乡镇人民政府应当组织有关部门针对本行政区域内的火灾特点制定应急预案，提供装备等保障

  B. 单位、个人为火灾报警提供便利的，应获得适当报酬

  C. 任何单位发生火灾，必须立即组织力量扑救，邻近单位应当给予支援

  D. 消防机构统一组织和指挥火灾现场扑救，应当优先保障国家财产安全

20. 根据《石油化工企业设计防火标准（2018 年版）》（GB 50160—2008），

石油化工企业消防泵房备用柴油机泵油料储备量应能满足机组连续运转（　　）的要求。

A. 2 h　　　　B. 3 h　　　　C. 6 h　　　　D. 3.5 h

21. 根据《石油化工企业设计防火标准（2018年版）》（GB 50160—2008），消火栓的数量及位置，应按其保护半径及被保护对象的（　　）等综合计算确定。

A. 设备数量　　　　　　B. 消防用水量
C. 建筑面积　　　　　　D. 装置高度

22. 根据《石油化工企业设计防火标准（2018年版）》（GB 50160—2008），罐区及工艺装置区的消火栓应在其四周道路边设置，消火栓的间距不宜超过60 m。当装置内设有消防道路时，应在道路边设置消火栓。距被保护对象（　　）以内的消火栓不应计算在该保护对象可使用的数量之内。

A. 20 m　　　B. 15 m　　　C. 10 m　　　D. 30 m

23. 根据《石油化工企业设计防火标准（2018年版）》（GB 50160—2008），可燃液体储罐消防冷却用水的延续时间：直径大于20 m的固定顶罐和直径大于20 m浮盘用易熔材料制作的内浮顶罐应为（　　）；其他储罐可为（　　）。

A. 6 h, 4 h　　B. 3 h, 3 h　　C. 6 h, 3 h　　D. 3 h, 4 h

24. 根据《石油化工企业设计防火标准（2018年版）》（GB 50160—2008），甲、乙类可燃气体、可燃液体设备的高大构架和设备群应设置水炮保护，其设置位置距保护对象不宜（　　）。

A. 小于15 m　B. 小于20 m　C. 大于15 m　D. 大于20 m

25. 根据《石油化工企业设计防火标准（2018年版）》（GB 50160—2008），灭火蒸汽管应从主管（　　）引出，蒸汽压力不宜大于1 MPa。

A. 上方　　　B. 下方　　　C. 侧面　　　D. 以上选项都可以

26. 根据《石油化工企业设计防火标准（2018年版）》（GB 50160—2008），下列关于全压力式、半冷冻式液化烃储罐固定式消防冷却水管道设置的表述，不正确的是（　　）。

A. 储罐容积大于 400 m³ 时,供水竖管应采用两条,并对称布置。采用固定水喷雾系统时,罐体管道设置宜分为上半球和下半球两个独立供水系统

B. 消防冷却水系统可采用手动或遥控控制阀,当储罐容积等于或大于 1 000 m³ 时,应采用遥控控制阀

C. 控制阀应设在防火堤外,距被保护罐壁不宜小于 10 m

D. 控制阀前应设置带旁通阀的过滤器,控制阀后及储罐上设置的管道,应采用镀锌管

27. 根据《机关、团体、企业、事业单位消防安全管理规定》,消防安全重点单位应当按照灭火和应急疏散预案,至少(　　)进行一次灭火和应急疏散演练。

A. 每半年　　B. 每一年　　C. 每月　　D. 每季度

28. 根据《石油化工企业设计防火标准（2018 年版）》（GB 50160—2008），下列关于工艺装置内手提式干粉型灭火器选型及配置的表述,不正确的是（　　）。

A. 扑救可燃气体、可燃液体火灾宜选用钠盐干粉灭火剂,扑救可燃固体表面火灾应采用磷酸铵盐干粉灭火剂,扑救烷基铝类火灾宜采用 D 类干粉灭火剂

B. 甲类装置灭火器的最大保护距离不宜超过 12 m

C. 每一配置点的灭火器数量不应少于两个,多层构架应分层配置

D. 危险的重要场所宜增设推车式灭火器

29. 根据《石油化工企业设计防火标准（2018 年版）》（GB 50160—2008），下列关于烷基铝类催化剂配制区消防设计规定的表述,不正确的（　　）。

A. 储罐应设置在有钢筋混凝土隔墙的独立半敞开式建筑物内,并宜设有烷基铝泄漏的收集设施

B. 应设置火灾自动报警系统

C. 配制区宜设置水喷淋系统

D. 应配置干砂等灭火设施

30. 根据《建筑灭火器配置设计规范》（GB 50140—2005），下列不属于选择灭火器时应考虑的因素是（    ）。

　　A. 灭火器配置场所的火灾种类

　　B. 灭火器配置场所的危险等级

　　C. 灭火剂对保护物品的污损程度

　　D. 灭火器使用场所的通风条件

31. 根据《建筑灭火器配置设计规范》（GB 50140—2005），下列关于灭火器设置的表述，不正确的是（    ）。

　　A. 灭火器应设置在位置明显和便于取用的地点，且不得影响安全疏散

　　B. 对有视线障碍的灭火器设置点，应设置指示其位置的发光标志

　　C. 手提式灭火器宜设置在灭火器箱内并上锁

　　D. 灭火器不得设置在超出其使用温度范围的地点

32. 根据《消防给水及消火栓系统技术规范》（GB 50974—2014），下列关于消防系统稳压泵调试规定的表述，不正确的是（    ）。

　　A. 当达到设计启动压力时，稳压泵应立即启动；当达到系统停泵压力时，稳压泵应自动停止运行；稳压泵启停应达到设计压力要求

　　B. 能满足系统自动启动要求，且当消防主泵启动时，稳压泵应停止运行

　　C. 稳压泵在正常工作时每小时的启停次数应符合设计要求，且不应大于 20 次/h

　　D. 稳压泵启停时系统压力应平稳，且稳压泵不应频繁启停

33. 根据《石油化工企业设计防火标准（2018 年版）》（GB 50160—2008），消防水泵房及其配电室应设消防应急照明，照明可采用蓄电池作备用电源，其连续供电时间应不少于（    ）。

　　A. 3 h　　　　B. 1 h　　　　C. 1.5 h　　　　D. 2 h

34. 根据《消防给水及消火栓系统技术规范》（GB 50974—2014），当收集含有挥发性物料时，消防排水管道应设置水封井，水封高度应不小于（    ）。

　　A. 250 mm　　B. 200 mm　　C. 300 mm　　D. 500 mm

35. 根据《石油化工企业设计防火标准（2018 年版）》（GB 50160—2008），

下列关于消防水池（罐）规定的表述，不正确的是（　　）。

　　A. 水池（罐）的容量，应满足火灾延续时间内消防用水总量的要求

　　B. 水池（罐）的总容量大于 1 000 m³ 时，应分隔成两个，并设带切断阀的连通管

　　C. 水池（罐）的补水时间，不宜超过 72 h

　　D. 消防水池（罐）应设液位检测、高低液位报警及自动补水设施

## 二、多项选择题

1. 根据《石油化工企业设计防火标准（2018 年版）》（GB 50160—2008），下列场所必须设置与消防站直通的专用电话的有（　　）。

　　A. 消防水泵站　　　　　　B. 中央控制室

　　C. 总变配电所　　　　　　D. 门卫室

2. 根据《石油化工企业设计防火标准（2018 年版）》（GB 50160—2008），下列关于火灾自动报警系统设计规定的表述，正确的是（　　）。

　　A. 生产区、公用工程及辅助生产设施、全厂性重要设施和区域性重要设施等火灾危险性场所应设置区域性火灾自动报警系统

　　B. 火灾自动报警系统应设置警报装置。当生产区有扩音对讲系统时，可兼作为警报装置；当生产区无扩音对讲系统时，应设置声光警报器

　　C. 两套及两套以上的区域性火灾自动报警系统宜通过网络集成为全厂性火灾自动报警系统

　　D. 区域性火灾报警控制器应设置在该区域的控制室内；当该区域无控制室时，应设置在 24 h 有人值班的场所，其全部信息应通过网络传输到中央控制室

3. 根据《石油化工企业设计防火标准（2018 年版）》（GB 50160—2008），下列关于室内消火栓设置要求的表述，正确的是（　　）。

　　A. 甲、乙、丙类厂房（仓库）、高层厂房及高架仓库应在各层设置室内消火栓，当单层厂房长度小于 30 m 时，可不设

　　B. 甲、乙类厂房（仓库）、高层厂房及高架仓库的室内消火栓间距应不

超过 30 m，其他建筑物的室内消火栓间距应不超过 50 m

C. 多层甲、乙类厂房和高层厂房应在楼梯间设置半固定式消防竖管，各层设置消防水带接口；消防竖管的管径不小于 100 mm，其接口应设在室外便于操作的地点

D. 室内消火栓给水管网与自动喷水灭火系统的管网可引自同一消防给水系统，但应在报警阀前分开设置

E. 消火栓配置的水枪应为直流-水雾两用枪，当室内消火栓栓口处的压力大于 0.50 MPa 时，应设置减压设施

4. 根据《中华人民共和国消防法》，下列单位中应当建立专职消防队的有（　　）。

　　A. 大型核设施单位

　　B. 大型体育场所

　　C. 主要港口

　　D. 储备可燃的重要物资的大型仓库

　　E. 生产、储存易燃易爆危险品的大型企业

5. 根据《石油化工企业设计防火标准（2018 年版）》（GB 50160—2008），下列关于消火栓设置规定的表述，正确的是（　　）。

　　A. 地下式消火栓应有明显标志

　　B. 地上式消火栓的大口径出水口应面向道路。当其设置场所有可能受到车辆冲撞时，应在其周围设置防护设施

　　C. 消火栓宜沿道路敷设

　　D. 消火栓距路面边不宜大于 5 m；距建筑物外墙不宜小于 5 m

6. 根据《消防给水及消火栓系统技术规范》（GB 50974—2014），下列属于消防系统调试内容的有（　　）。

　　A. 水源调试和测试　　　　B. 消火栓调试

　　C. 减压阀调试　　　　　　D. 稳压泵或稳压设施调试

　　E. 消防水泵调试

7. 根据《石油化工企业设计防火标准（2018 年版）》（GB 50160—2008），

全压力式及半冷冻式液化烃储罐，当单罐容积等于或大于 1 000 m³ 时，应采用（　　）及（　　）。

  A. 消防水炮和消火栓系统

  B. 固定式水喷雾（水喷淋）系统

  C. 移动式水喷雾（水喷淋）系统

  D. 移动消防冷却水系统

 8. 当灭火器发生（　　）或符合其他维修条件的应及时进行维修。

  A. 机械损伤  B. 明显锈蚀  C. 表压不足  D. 胶管老化龟裂

## 三、判断题

 1. 根据《石油化工企业设计防火标准（2018 年版）》（GB 50160—2008），消防水泵、稳压泵的备用泵能力不得小于最大一台泵的能力。（　　）

 2. 根据《石油化工企业设计防火标准（2018 年版）》（GB 50160—2008），当消防水池（罐）与生活或生产水池（罐）合建时，应有消防用水不作他用的措施。（　　）

 3. 地上式消火栓的大口径出水口应面向邻近的生产装置。（　　）

 4. 根据《石油化工企业设计防火标准（2018 年版）》（GB 50160—2008），石油化工企业的生产区、公用工程及辅助生产设施、全厂性重要设施和区域性重要设施等火灾危险性场所应设置火灾自动报警系统和火灾电话报警。（　　）

 5. 根据《石油化工企业设计防火标准（2018 年版）》（GB 50160—2008），甲、乙类装置区周围和罐组四周道路边应设置手动火灾报警按钮，其间距不宜大于 200 m。（　　）

 6. 根据《石油化工企业设计防火标准（2018 年版）》（GB 50160—2008），全压力式、半冷冻式液化烃储罐固定式消防冷却水系统可采用手动或遥控控制阀，当储罐容积等于或大于 1 000 m³ 时，应采用手动控制阀。（　　）

 7. 根据《建筑灭火器配置验收及检查规范》（GB 50444—2008），需维修的灭火器应由灭火器生产企业或专业维修单位进行。（　　）

 8. 灭火器永久性标志模糊，无法识别，应予报废。（　　）

9. 灭火器筒体有锡焊、铜焊或补缀等修补痕迹，应及时维修。（　　）

10. 根据《石油化工企业设计防火标准（2018年版）》（GB 50160—2008），甲、乙类可燃气体、可燃液体设备的高大构架和设备群应设置水炮保护，其设置位置距保护对象不宜大于15 m。（　　）

11. 根据《石油化工企业设计防火标准（2018年版）》（GB 50160—2008），消防水泵的主泵应采用电动泵，备用泵应采用柴油机泵，且应按100%备用能力设置，柴油机的油料储备量应能满足机组连续运转3 h的要求。（　　）

12. 根据《石油化工企业设计防火标准（2018年版）》（GB 50160—2008），消防水泵应在接到报警后5 min以内投入运行。稳高压消防给水系统的消防水泵应能依靠管网压降信号自动启动。（　　）

13. 根据《石油化工企业设计防火标准（2018年版）》（GB 50160—2008），消防站车库大门应面向道路，距道路边不应小于15 m。车库前场地应采用混凝土或沥青地面，并应有不大于2%的坡度坡向道路。（　　）

14. 根据《消防给水及消火栓系统技术规范》（GB 50974—2014），当消防水池采用两路供水且在火灾情况下连续补水能满足消防要求时，消防水池的有效容积应根据计算确定，但不应小于100 m³。（　　）

15. 根据《建筑灭火器配置设计规范》（GB 50140—2005），E类火灾场所应选择磷酸铵盐干粉灭火器、碳酸氢钠干粉灭火器、卤代烷灭火器或二氧化碳灭火器，但不得选用装有金属喇叭喷筒的二氧化碳灭火器。（　　）

# 参考答案及解析

## 一、单项选择题

1. D

【解析】储罐喷淋水进水立管下端应设排渣口，用于定期排出管线内残渣，防止管线堵塞。

2. A

【解析】根据《石油化工企业设计防火标准（2018年版）》（GB 50160—2008）第2.0.34条的规定，稳高压消防水系统是指采用稳压泵维持管网的消防水压力大于或等于0.7 MPa的消防水系统。

3. C

【解析】为保护环境，企业所有冲洗水应进入生产污水处理系统进行处理。

4. D

【解析】根据《石油化工企业设计防火标准（2018年版）》（GB 50160—2008）第4.2.8条的规定，罐区泡沫站应布置在罐组防火堤外的非防爆区，与可燃液体罐的防火间距不宜小于20 m。

5. D

【解析】根据《石油化工企业设计防火标准（2018年版）》（GB 50160—2008）第5.2.7条的规定，布置在爆炸危险区的在线分析仪表间内设备为非防爆型时，在线分析仪表间应正压通风。

6. B

【解析】根据《石油化工企业设计防火标准（2018年版）》（GB 50160—2008）第8.3.1条的规定，当消防用水由工厂水源直接供给时，工厂给水管网的进水管不应少于2条。

7. C

【解析】根据《中华人民共和国消防法》第六十条的规定，对损坏、挪用或者擅自拆除、停用消防设施、器材的单位，责令改正，处5 000元以上5万元以下的罚款。

8. A

【解析】根据《中华人民共和国消防法》第六十条的规定，对消防设施、器材或者消防安全标志的配置、设置不符合国家标准、行业标准，或者未保持完好有效的单位，责令改正，处5 000元以上5万元以下的罚款。

9. B

【解析】根据《石油化工企业设计防火标准（2018年版）》（GB 50160—2008）第8.3.3条的规定，消防水泵房宜与生活或生产水泵房合建，其耐火等级不应低于二级。

10. C

【解析】根据《石油化工企业设计防火标准（2018 年版)》（GB 50160—2008）第 8.4.4 条的规定，当可燃液体着火罐为立式储罐时，距着火罐罐壁 1.5 倍着火罐直径范围内的相邻罐应进行冷却。

11. B

【解析】根据《石油化工企业设计防火标准（2018 年版)》（GB 50160—2008）第 8.4.5 条的规定，可燃液体地上立式储罐罐壁高于 17 m 储罐、容积等于或大于 10 000 m³ 储罐、容积等于或大于 2 000 m³ 低压储罐应设置固定式消防冷却水系统。

12. A

【解析】手提式干粉灭火器的正确使用方法是：选择上风位置接近火点，将胶管对准火焰根部喷射。

13. A

【解析】根据《建筑灭火器配置验收及检查规范》（GB 50444—2008）第 5.3.2 条的规定，干粉灭火器出厂期满 5 年后要进行首次维修，首次维修以后每满 2 年要进行维修。

14. A

【解析】根据《石油化工企业设计防火标准（2018 年版)》（GB 50160—2008）第 8.9.3 条的规定，对工艺装置内手提式干粉型灭火器的配置要求，甲类装置灭火器的最大保护距离不宜超过 9 m，乙、丙类装置不宜超过 12 m。

15. B

【解析】根据《石油化工企业设计防火标准（2018 年版)》（GB 50160—2008）第 8.9.3 条的规定，工艺装置内每一配置点的手提式干粉型灭火器数量不应少于 2 个，多层构架应分层配置。

16. A

【解析】根据《石油化工企业设计防火标准（2018 年版)》（GB 50160—2008）第 8.5.5 条的规定，地上式消火栓的大口径出水口应面向道路。当其设置场所有可能受到车辆冲撞时，应在其周围设置防护设施。

17. B

【解析】根据《石油化工企业设计防火标准（2018 年版）》（GB 50160—2008）第 8.5.6 规定，消火栓的保护半径不应超过 120 m。

18. D

【解析】根据《石油化工企业设计防火标准（2018 年版）》（GB 50160—2008）第 4.1.9 条的规定，单罐容积大于等于 50 000 $m^3$ 的甲、乙类液体储罐与居民区、公共福利设施、村庄的防火间距不应小于 120 m。

19. C

【解析】根据《中华人民共和国消防法》第四十四条的规定，任何单位发生火灾，必须立即组织力量扑救。邻近单位应当给予支援。

20. C

【解析】根据《石油化工企业设计防火标准（2018 年版）》（GB 50160—2008）第 8.3.8 条的规定，消防水泵的主泵应采用电动泵，备用泵应采用柴油机泵，且应按 100% 备用能力设置，柴油机的油料储备量应能满足机组连续运转 6 h 的要求。

21. B

【解析】根据《石油化工企业设计防火标准（2018 年版）》（GB 50160—2008）第 8.5.6 条的规定，消火栓的数量及位置，应按其保护半径及被保护对象的消防用水量等综合计算确定。

22. B

【解析】根据《石油化工企业设计防火标准（2018 年版）》（GB 50160—2008）第 8.5.7 条的规定，罐区及工艺装置区的消火栓应在其四周道路边设置，消火栓的间距不宜超过 60 m。当装置内设有消防道路时，应在道路边设置消火栓。距被保护对象 15 m 以内的消火栓不应计算在该保护对象可使用的数量之内。

23. A

【解析】根据《石油化工企业设计防火标准（2018 年版）》（GB 50160—2008）第 8.4.7 条的规定，可燃液体储罐消防冷却用水的延续时间：直径大于

20 m 的固定顶罐和直径大于 20 m 浮盘用易熔材料制作的内浮顶罐应为 6 h；其他储罐可为 4 h。

24. A

【解析】根据《石油化工企业设计防火标准（2018 年版）》（GB 50160—2008）第 8.6.1 条的规定，甲、乙类可燃气体、可燃液体设备的高大构架和设备群应设置水炮保护，其设置位置距保护对象不宜小于 15 m。

25. A

【解析】根据《石油化工企业设计防火标准（2018 年版）》（GB 50160—2008）第 8.8.2 条的规定，灭火蒸汽管应从主管上方引出，蒸汽压力不宜大于 1 MPa。

26. C

【解析】根据《石油化工企业设计防火标准（2018 年版）》（GB 50160—2008）第 8.10.10 条的规定，全压力式、半冷冻式液化烃储罐固定式消防冷却水管道的设置应符合下列规定：

（1）储罐容积大于 400 $m^3$ 时，供水竖管应采用两条，并对称布置。采用固定水喷雾系统时，罐体管道设置宜分为上半球和下半球两个独立供水系统。

（2）消防冷却水系统可采用手动或遥控控制阀，当储罐容积等于或大于 1 000 $m^3$ 时，应采用遥控控制阀。

（3）控制阀应设在防火堤外，距被保护罐壁不宜小于 15 m。

（4）控制阀前应设置带旁通阀的过滤器，控制阀后及储罐上设置的管道，应采用镀锌管。

27. A

【解析】根据《机关、团体、企业、事业单位消防安全管理规定》第四十条的规定，消防安全重点单位应当按照灭火和应急疏散预案，至少每半年进行一次演练，并结合实际，不断完善预案。

28. B

【解析】根据《石油化工企业设计防火标准（2018 年版）》（GB 50160—2008）第 8.9.3 条的规定，对工艺装置内手提式干粉灭火器的配置要求，甲类装置灭火器的最大保护距离不宜超过 9 m，乙、丙类装置不宜超过 12 m。

29. C

【解析】根据《石油化工企业设计防火标准（2018 年版）》（GB 50160—2008）第 8.11.6 条的规定，烷基铝类催化剂配制区宜设置局部喷射式 D 类干粉灭火系统，其控制方式应采用手动遥控启动。由于烷基铝遇水会产生大量热和乙烷，引起自燃，因此，不能用水灭火。可采用干砂灭火。

30. D

【解析】根据《建筑灭火器配置设计规范》（GB 50140—2005）第 4.1.1 条的规定，灭火器的选择应考虑下列因素：

（1）灭火器配置场所的火灾种类。

（2）灭火器配置场所的危险等级。

（3）灭火器的灭火效能和通用性。

（4）灭火剂对保护物品的污损程度。

（5）灭火器设置点的环境温度。

（6）使用灭火器人员的体能。

31. C

【解析】根据《建筑灭火器配置设计规范》（GB 50140—2005）第 5.1.3 条的规定，灭火器的摆放应稳固，其铭牌应朝外。手提式灭火器宜设置在灭火器箱内或挂钩、托架上，其顶部离地面高度不应大于 1.50 m；底部离地面高度不宜小于 0.08 m。灭火器箱不得上锁。

32. C

【解析】根据《消防给水及消火栓系统技术规范》（GB 50974—2014）第 13.1.5 条的规定，稳压泵在正常工作时每小时的启停次数应符合设计要求，且不应大于 15 次/h。

33. A

【解析】根据《石油化工企业设计防火标准（2018 年版）》（GB 50160—2008）第 9.1.2 条的规定，消防水泵房及其配电室应设消防应急照明，照明可采用蓄电池作备用电源，其连续供电时间不应少于 3 h。

34. A

【解析】根据《消防给水及消火栓系统技术规范》（GB 50974—2014）第 9.3.1 条和第 9.3.2 条的规定，有毒有害危险场所应采取消防排水收集、储存措施，当收集含有挥发性物料时，消防排水管道应设置水封井，水封高度不应小于 250 mm。

35. C

【解析】根据《石油化工企业设计防火标准（2018 年版）》（GB 50160—2008）第 8.3.2 条的规定，水池（罐）的补水时间，不宜超过 48 h。

## 二、多项选择题

1. ABC

【解析】根据《石油化工企业设计防火标准（2018 年版）》（GB 50160—2008）第 8.12.2 条的规定，火灾电话报警的设计应符合下列规定：

（1）消防站应设置可受理不少于两处同时报警的火灾受警录音电话，且应设置无线通信设备。

（2）在生产调度中心、消防水泵站、中央控制室、总变配电所等重要场所应设置与消防站直通的专用电话。

2. ABCD

【解析】根据《石油化工企业设计防火标准（2018 年版）》（GB 50160—2008）第 8.12.3 条的规定，火灾自动报警系统的设计应符合下列规定：

（1）生产区、公用工程及辅助生产设施、全厂性重要设施和区域性重要设施等火灾危险性场所应设置区域性火灾自动报警系统。

（2）两套及两套以上的区域性火灾自动报警系统宜通过网络集成为全厂性火灾自动报警系统。

（3）火灾自动报警系统应设置警报装置。当生产区有扩音对讲系统时，可兼作为警报装置；当生产区无扩音对讲系统时，应设置声光警报器。

（4）区域性火灾报警控制器应设置在该区域的控制室内；当该区域无控制室时，应设置在 24 h 有人值班的场所，其全部信息应通过网络传输到中央控制室。

（5）火灾自动报警系统可接收电视监视系统（CCTV）的报警信息，重要的火灾报警点应同时设置电视监视系统。

（6）重要的火灾危险场所应设置消防应急广播。当使用扩音对讲系统作为消防应急广播时，应能切换至消防应急广播状态。

（7）全厂性消防控制中心宜设置在中央控制室或生产调度中心，宜配置可显示全厂消防报警平面图的终端。

3. ABCDE

【解析】根据《石油化工企业设计防火标准（2018年版）》（GB 50160—2008）第8.11.2条的规定，室内消火栓的设置应符合下列要求：

（1）甲、乙、丙类厂房（仓库）、高层厂房及高架仓库应在各层设置室内消火栓，当单层厂房长度小于30 m时，可不设。

（2）甲、乙类厂房（仓库）、高层厂房及高架仓库的室内消火栓间距不应超过30 m，其他建筑物的室内消火栓间距不应超过50 m。

（3）多层甲、乙类厂房和高层厂房应在楼梯间设置半固定式消防竖管，各层设置消防水带接口；消防竖管的管径不小于100 mm，其接口应设在室外便于操作的地点。

（4）室内消火栓给水管网与自动喷水灭火系统的管网可引自同一消防给水系统，但应在报警阀前分开设置。

（5）消火栓配置的水枪应为直流-水雾两用枪，当室内消火栓栓口处的压力大于0.50 MPa时，应设置减压设施。

4. ACDE

【解析】根据《中华人民共和国消防法》第三十九条的规定，下列单位应当建立单位专职消防队，承担本单位的火灾扑救工作：

（1）大型核设施单位、大型发电厂、民用机场、主要港口。

（2）生产、储存易燃易爆危险品的大型企业。

（3）储备可燃的重要物资的大型仓库、基地。

（4）第一项、第二项、第三项规定以外的火灾危险性较大、距离公安消防队较远的其他大型企业。

（5）距离公安消防队较远、被列为全国重点文物保护单位的古建筑群的管理单位。

5. ABCD

【解析】根据《石油化工企业设计防火标准（2018年版）》（GB 50160—2008）第8.5.5条的规定，消火栓的设置应符合下列规定：

（1）宜选用地上式消火栓。

（2）消火栓宜沿道路敷设。

（3）消火栓距路面边不宜大于5 m；距建筑物外墙不宜小于5 m。

（4）地上式消火栓距城市型道路路边不宜小于1.0 m；距公路型双车道路肩边不宜小于1.0 m。

（5）地上式消火栓的大口径出水口应面向道路。当其设置场所有可能受到车辆冲撞时，应在其周围设置防护设施。

（6）地下式消火栓应有明显标志。

6. ABCDE

【解析】根据《消防给水及消火栓系统技术规范》（GB 50974—2014）第13.1.2条的规定，消防系统调试应包括下列内容：

（1）水源调试和测试。

（2）消防水泵调试。

（3）稳压泵或稳压设施调试。

（4）减压阀调试。

（5）消火栓调式。

（6）自动控制探测器调试。

（7）干式消火栓系统的报警阀等快速启闭装置调试，并应包含报警阀的附件电动或电磁阀等阀门的调试。

（8）排水设施调试。

（9）联锁控制试验。

7. BD

【解析】根据《石油化工企业设计防火标准（2018年版）》（GB 50160—

2008）第8.10.2条的规定，全压力式及半冷冻式液化烃储罐，当单罐容积等于或大于1 000 $m^3$时，应采用固定式水喷雾（水喷淋）系统及移动消防冷却水系统。

8. ABCD

【解析】对存在机械损伤、明显锈蚀、表压不足、胶管老化龟裂或符合其他维修条件的灭火器应及时进行维修。

### 三、判断题

1. 正确

【解析】根据《石油化工企业设计防火标准（2018年版）》（GB 50160—2008）第8.3.6条的规定，消防水泵、稳压泵应分别设置备用泵；备用泵的能力不得小于最大一台泵的能力。

2. 正确

【解析】根据《石油化工企业设计防火标准（2018年版）》（GB 50160—2008）第8.3.2条的规定，当消防水池（罐）与生活或生产水池（罐）合建时，应有消防用水不作他用的措施。

3. 错误

【解析】根据《石油化工企业设计防火标准（2018年版）》（GB 50160—2008）第8.5.5条的规定，地上式消火栓的大口径出水口应面向道路。当其设置场所有可能受到车辆冲撞时，应在其周围设置防护设施。

4. 正确

【解析】根据《石油化工企业设计防火标准（2018年版）》（GB 50160—2008）第8.12.1条的规定，石油化工企业的生产区、公用工程及辅助生产设施、全厂性重要设施和区域性重要设施等火灾危险性场所应设置火灾自动报警系统和火灾电话报警。

5. 错误

【解析】根据《石油化工企业设计防火标准（2018年版）》（GB 50160—2008）第8.12.4条的规定，甲、乙类装置区周围和罐组四周道路边应设置手动火灾报警按钮，其间距不宜大于 100 m。

6. 错误

【解析】根据《石油化工企业设计防火标准（2018 年版）》（GB 50160—2008）第 8.10.10 条的规定，全压力式、半冷冻式液化烃储罐固定式消防冷却水系统可采用手动或遥控控制阀，当储罐容积等于或大于 1 000 m³ 时，应采用遥控控制阀。

7. 正确

【解析】根据《建筑灭火器配置验收及检查规范》（GB 50444—2008）第 5.1.4 条的规定，需维修、报废的灭火器应由灭火器生产企业或专业维修单位进行。

8. 正确

【解析】根据《建筑灭火器配置验收及检查规范》（GB 50444—2008）第 5.4.2 条的规定，灭火器没有生产厂名称和出厂年月，包括铭牌脱落，或虽有铭牌，但已看不清生产厂名称，或出厂年月钢印无法识别的，应予报废。

9. 错误

【解析】根据《建筑灭火器配置验收及检查规范》（GB 50444—2008）第 5.4.2 条的规定，灭火器气筒体有锡焊、铜焊或补缀等修补痕迹的，应予报废。

10. 错误

【解析】根据《石油化工企业设计防火标准（2018 年版）》（GB 50160—2008）第 8.6.1 条的规定，甲、乙类可燃气体、可燃液体设备的高大构架和设备群应设置水炮保护，其设置位置距保护对象不宜小于 15 m。

11. 错误

【解析】根据《石油化工企业设计防火标准（2018 年版）》（GB 50160—2008）第 8.3.8 条的规定，消防水泵的主泵应采用电动泵，备用泵应采用柴油机泵，且应按 100% 备用能力设置，柴油机的油料储备量应能满足机组连续运转 6 h 的要求。

12. 错误

【解析】根据《石油化工企业设计防火标准（2018 年版）》（GB 50160—

2008）第8.3.7条的规定，消防水泵应在接到报警后2 min以内投入运行。稳高压消防给水系统的消防水泵应能依靠管网压降信号自动启动。

13. 错误

【解析】根据《石油化工企业设计防火标准（2018年版）》（GB 50160—2008）第8.2.7条的规定，消防站车库大门应面向道路，距道路边不应小于15 m。车库前场地应采用混凝土或沥青地面，并应有不小于2%的坡度坡向道路。

14. 正确

【解析】根据《消防给水及消火栓系统技术规范》（GB 50974—2014）第4.3.4条的规定，当消防水池采用两路供水且在火灾情况下连续补水能满足消防要求时，消防水池的有效容积应根据计算确定，但不应小于100 $m^3$，当仅设有消火栓系统时不应小于50 $m^3$。

15. 正确

【解析】E类火灾为带电火灾。根据《建筑灭火器配置设计规范》（GB 50140—2005）第4.2.5条的规定，E类火灾场所应选择磷酸铵盐干粉灭火器、碳酸氢钠干粉灭火器、卤代烷灭火器或二氧化碳灭火器，但不得选用装有金属喇叭喷筒的二氧化碳灭火器，以防人员触电。

# 第十节　安全标志管理

## 习　题

### 一、单项选择题

1. 根据《危险化学品重大危险源监督管理暂行规定》，危险化学品单位应当在重大危险源所在场所设置明显的安全警示标志，写明紧急情况下的（　　）。

　　A. 逃生路线　　　　　　　　B. 报警电话

　　C. 应急处置办法　　　　　　D. 应急联系人

2. 根据《安全标志及其使用导则》（GB 2894—2008），应在剧毒品和高毒物质的生产、储运、使用场所设置"当心中毒"，在易发生火灾的危险场所设置"当心火灾"等（　　）类标志。

　　A. 禁止　　　　B. 警告　　　　C. 指令　　　　D. 提示

3. 根据《安全标志及其使用导则》（GB 2894—2008），应在具有对人体有害的气体、气溶胶、烟尘等作业场所设置"必须戴防毒面具"，在头部易受外力伤害的作业场所设置"必须戴安全帽"等（　　）类标志。

　　A. 禁止　　　　B. 警告　　　　C. 指令　　　　D. 提示

4. 根据《安全标志及其使用导则》（GB 2894—2008），应在建筑物便于疏散的紧急出口处设置"紧急出口"，在发生突发事件时可容纳危险区域疏散人员的场所设置"应急避难场所"等（　　）类标志。

　　A. 禁止　　　　B. 警告　　　　C. 指令　　　　D. 提示

5. 根据《安全标志及其使用导则》（GB 2894—2008），多个安全标志牌在一起设置时，应按（　　）类型的顺序，先左后右、先上后下地排列。

　　A. 禁止、警告、指令、提示　　　B. 警告、禁止、指令、提示

　　C. 指令、提示、警告、禁止　　　D. 提示、指令、禁止、警告

6. 下列表述错误的是（　　）。

　　A. 乙炔站应设置"严禁烟火"标志

　　B. 安全标志分禁止标志、警告标志、指令标志和提示标志

　　C. 防爆电气设备的防爆标志是 Ed

　　D. 灭火器的铭牌、生产日期和维修日期等标志应齐全

7. 根据《工作场所职业病危害警示标识》（GBZ 158—2003），在高毒物品作业场所，设置（　　）警示线。

　　A. 红色　　　　B. 橙色　　　　C. 黄色　　　　D. 蓝色

8. 根据《工作场所职业病危害警示标识》（GBZ 158—2003），在一般有毒物品作业场所，设置（　　）警示线。

　　A. 红色　　　　B. 橙色　　　　C. 黄色　　　　D. 蓝色

9. 根据《工作场所职业病危害警示标识》（GBZ 158—2003），在重大危险源

高毒物品作业场所和一般有毒物品作业场所设置的警示线应设在使用有毒作业场所外缘不少于（　　）处。

  A. 10 cm　　　　B. 20 cm　　　　C. 30 cm　　　　D. 50 cm

10. 根据《化学品作业场所安全警示标志规范》（AQ 3047—2013），化学品作业场所安全警示标志以文字和（　　）组合的形式，表示化学品在工作场所所具有的危险性和安全注意事项。

  A. 图画　　　　B. 图形符号　　　　C. 提示音　　　　D. 化学式

11. 根据《化学品作业场所安全警示标志规范》（AQ 3047—2013），重大危险源化学品作业场所安全警示标志应保持与（　　）的信息一致。

  A. 使用说明书　　　　　　B. 产品说明书

  C. 操作规程　　　　　　　D. 化学品安全技术说明书

12. 根据《化学品作业场所安全警示标志规范》（AQ 3047—2013），有易燃易爆物质的重大危险源场所的安全警示标志应使用坚固耐用、不锈蚀、（　　）的不燃材料制作。

  A. 防静电　　　　B. 防高温　　　　C. 防水　　　　D. 绝缘

13. 根据《化学品作业场所安全警示标志规范》（AQ 3047—2013），化学品作业场所安全警示标志应设置在作业场所的出入口、外墙壁或（　　）、管道旁等的醒目位置。

  A. 阀门　　　　B. 护栏　　　　C. 反应容器　　　　D. 休息间

14. 根据《危险化学品安全管理条例》，生产、储存危险化学品的单位，应当对其铺设的危险化学品管道设置（　　），并对危险化学品管道定期检查、检测。

  A. 隔离防护　　　B. 保温措施　　　C. 明显标志　　　D. 防雷措施

## 二、多项选择题

1. 安全标志可分为（　　）。

  A. 禁止标志　　　B. 禁行标志　　　C. 警告标志　　　D. 指令标志

  E. 提示标志

2. 根据《危险化学品企业重大危险源安全包保责任制办法（试行）》，危险化学品企业应当在重大危险源安全警示标志位置设立公示牌，写明重大危险源（　　）的姓名、对应的安全包保职责及联系方式，接受员工监督。

　　A. 主要负责人　　　　　　B. 技术负责人

　　C. 操作负责人　　　　　　D. 安全总监

3. 化学品作业场所安全警示标志不应设在（　　）等可移动的物体上。

　　A. 推拉门　　B. 窗　　C. 架　　D. 卷帘门

4. 根据《化学品作业场所安全警示标志规范》（AQ 3047—2013），化学品作业场所安全警示标志的标志要素包括（　　）、防范说明、防护用品说明、资料参阅提示语及报警电话等。

　　A. 化学品标识　　　　　　B. 理化特性

　　C. 危险象形图　　　　　　D. 警示词

　　E. 危险性说明

### 三、判断题

1. 危险化学品生产企业应当提供与其生产的危险化学品相符的化学品安全技术说明书，并在危险化学品包装（包括外包装件）上粘贴或者拴挂与包装内危险化学品相符的化学品安全标签。（　　）

2. 企业对重大危险源安全标志牌应至少每年检查一次，如发现有破损、变形、褪色等不符合要求时应及时修整或更换。（　　）

3. 根据《化学品安全标签编写规定》（GB 15258—2009），化学品安全标签包括化学品标识、象形图、信号词、危险性说明、防范说明、应急咨询电话、资料参阅提示语等，不包括供应商标识信息。（　　）

4. 对存在重大安全风险的工作场所和岗位要设置明显警示标志，并强化危险源监测、预警。（　　）

5. 《化工和危险化学品生产经营单位重大生产安全事故隐患判定标准（试行）》规定了20种重大隐患，"在有较大危险因素的生产经营场所和有关设施、设备上未设置明显的安全警示标志"属于重大生产安全事故隐患。（　　）

# 参考答案及解析

## 一、单项选择题

1. C

【解析】根据《危险化学品重大危险源监督管理暂行规定》第十八条的规定，危险化学品单位应当在重大危险源所在场所设置明显的安全警示标志，写明紧急情况下的应急处置办法。

2. B

【解析】根据《安全标志及其使用导则》（GB 2894—2008）第4.2.2条的规定，应在剧毒品和高毒物质的生产、储运、使用场所设置"当心中毒"，在易发生火灾的危险场所设置"当心火灾"等警告类标志。

3. C

【解析】根据《安全标志及其使用导则》（GB 2894—2008）第4.3.2条的规定，应在具有对人体有害的气体、气溶胶、烟尘等作业场所设置"必须戴防毒面具"，在头部易受外力伤害的作业场所设置"必须戴安全帽"等指令类标志。

4. D

【解析】根据《安全标志及其使用导则》（GB 2894—2008）第4.4.2条的规定，应在建筑物便于疏散的紧急出口处设置"紧急出口"，在发生突发事件时可容纳危险区域疏散人员的场所设置"应急避难场所"等提示类标志。

5. B

【解析】根据《安全标志及其使用导则》（GB 2894—2008）第9.5条的规定，多个安全标志牌在一起设置时，应按警告、禁止、指令、提示类型的顺序，先左后右、先上后下地排列。

6. C

【解析】根据《爆炸性环境 第1部分：设备 通用要求》（GB 3836.1—2010）第29.3条的规定，防爆电气设备的防爆标志是Ex。

7. A

【解析】根据《工作场所职业病危害警示标识》（GBZ 158—2003）第 7 条的规定，在高毒物品作业场所，设置红色警示线。

8. C

【解析】根据《工作场所职业病危害警示标识》（GBZ 158—2003）第 7 条的规定，在一般有毒物品作业场所，设置黄色警示线。

9. C

【解析】根据《工作场所职业病危害警示标识》（GBZ 158—2003）第 7 条的规定，在高毒物品作业场所，设置红色警示线。在一般有毒物品作业场所，设置黄色警示线。警示线设在使用有毒作业场所外缘不少于 30 cm 处。

10. B

【解析】根据《化学品作业场所安全警示标志规范》（AQ 3047—2013）第 3.1 条的规定，化学品作业场所安全警示标志以文字和图形符号组合的形式，表示化学品在工作场所所具的危险性和安全注意事项。

11. D

【解析】根据《化学品作业场所安全警示标志规范》（AQ 3047—2013）第 4.1 条的规定，重大危险源化学品作业场所安全警示标志应保持与化学品安全技术说明书的信息一致，要不断补充信息资料，若发现新的危险性，及时做出更新。

12. A

【解析】根据《化学品作业场所安全警示标志规范》（AQ 3047—2013）第 4.5.2 条的规定，化学品作业场所安全警示标志应采用坚固耐用、不锈蚀的不燃材料制作，有触电危险的作业场所使用绝缘材料，有易燃易爆物质的场所使用防静电材料。

13. C

【解析】根据《化学品作业场所安全警示标志规范》（AQ 3047—2013）第 5.1 条的规定，化学品作业场所安全警示标志应设置在作业场所的出入口、外墙壁或反应容器、管道旁等的醒目位置。

14. C

【解析】根据《危险化学品安全管理条例》第十三条的规定，生产、储存危险化学品的单位，应当对其铺设的危险化学品管道设置明显标志，并对危险化学品管道定期检查、检测。

## 二、多项选择题

1. ACDE

【解析】根据《安全标志及其使用导则》（GB 2894—2008）第 4 条的规定，安全标志可分为禁止标志、警告标志、指令标志、提示标志等四大类别。

2. ABC

【解析】根据《危险化学品企业重大危险源安全包保责任制办法（试行）》第七条的规定，危险化学品企业应当在重大危险源安全警示标志位置设立公示牌，写明重大危险源的主要负责人、技术负责人、操作负责人姓名、对应的安全包保职责及联系方式，接受员工监督。

3. ABCD

【解析】根据《安全标志及其使用导则》（GB 2894—2008）第 9.2 条的规定，安全标志牌不应设在门、窗、架等可移动的物体上，以免标志牌随母体物体相应移动，影响认读。标志牌前不得放置妨碍认读的障碍物。

4. ABCDE

【解析】根据《化学品作业场所安全警示标志规范》（AQ 3047—2013）第 3.1 条的规定，化学品作业场所安全警示标志以文字和图形符号组合的形式，表示化学品在工作场所所具的危险性和安全注意事项。标志要素包括化学品标识、理化特性、危险象形图、警示词、危险性说明、防范说明、防护用品说明、资料参阅提示语及报警电话等。

## 三、判断题

1. 正确

【解析】根据《危险化学品安全管理条例》第十五条的规定，危险化学品生产企业应当提供与其生产的危险化学品相符的化学品安全技术说明书，并在危险化学品包装（包括外包装件）上粘贴或者拴挂与包装内危险化学品相符的化学品安全标签。

2. 错误

【解析】根据《安全标志及其使用导则》（GB 2894—2008）第10.1条的规定，重大危险源安全标志牌应至少每半年检查一次，如发现有破损、变形、褪色等不符合要求时应及时修整或更换。

3. 错误

【解析】根据《化学品安全标签编写规定》（GB 15258—2009）第4.1条的规定，安全标签要素包括化学品标识、象形图、信号词、危险性说明、防范说明、应急咨询电话、供应商标识、资料参阅提示语等。

4. 正确

【解析】根据《国务院安委会办公室关于实施遏制重特大事故工作指南构建双重预防机制的意见》的规定，对存在重大安全风险的工作场所和岗位要设置明显警示标志，并强化危险源监测、预警。

5. 错误

【解析】根据《化工和危险化学品生产经营单位重大生产安全事故隐患判定标准（试行）》的规定，"在有较大危险因素的生产经营场所和有关设施、设备上未设置明显的安全警示标志"未被列入重大生产安全事故隐患范畴。

# 第三章　重大危险源事故应急管理

## 第一节　应急预案管理

### 习　题

**一、单项选择题**

1. 编制应急预案前，编制单位应当进行事故风险辨识、评估和（　　）。
   A. 应急资源调查　　　　　B. 召开专题会
   C. 调研　　　　　　　　　D. 调度资源

2. 专项应急预案应当规定应急指挥机构与职责、（　　）和措施等内容。
   A. 处置内容　　B. 处置程序　　C. 处置方法　　D. 处置标准

3. 应急演练按照演练形式分为实战演练和（　　）。
   A. 现场处置演练　　　　　B. 桌面演练
   C. 综合演练　　　　　　　D. 单项演练

4. 综合应急预案应当规定（　　）、应急预案体系、事故风险描述、预警及信息报告、应急响应、保障措施、应急预案管理等内容。
   A. 应急组织机构及其职责　　B. 组织机构
   C. 应急小组　　　　　　　　D. 应急办公室

5. 生产经营单位应当针对本单位可能发生的生产安全事故的特点和危害，进行（　　），制定相应的生产安全事故应急救援预案，并向本单位从业人员公布。

  A. 事故模拟演练　　　　　　B. 风险辨识和评估

  C. 分析和消除　　　　　　　D. 准确计算和控制

 6. 对于某一种或者多种类型的事故风险，生产经营单位可以编制相应的专项应急预案，或将专项应急预案并入（　　）。

  A. 现场处置方案　　　　　　B. 操作规程

  C. 综合应急预案　　　　　　D. 安全管理制度

 7. 生产经营单位应当按照国家有关规定将本单位重大危险源及有关安全措施、应急措施报有关地方人民政府（　　）和有关部门备案。

  A. 公安部门　　　　　　　　B. 消防部门

  C. 应急管理部门　　　　　　D. 生态环境保护部门

 8. 下列不属于现场处置方案应当包含的内容是（　　）。

  A. 现场工作人员的应急工作职责

  B. 应急资源调查清单

  C. 应急响应时的注意事项

  D. 应急处置措施

 9. 根据《生产安全事故应急演练评估规范》（AQ/T 9009—2015），下列不属于实战演练实施情况评估内容的是（　　）。

  A. 演练策划与设计　　　　　B. 预警与信息报告

  C. 事故处置　　　　　　　　D. 现场控制及恢复

 10. 下列关于应急预案备案的表述，正确的是（　　）。

  A. 地方各级安全监管部门的应急预案，应当报上一级安全监管部门备案

  B. 生产经营单位应当在应急预案公布之日起 1 个月内，按照分级属地原则向安全监管部门和有关部门进行告知性备案

  C. 央企总部（上市公司）的应急预案报所在地的省级或者设区的市级人民政府负有安全监管职责的部门备案

  D. 对于实行安全生产许可的生产经营单位，已经进行应急预案备案的，在申请安全生产许可证时，可以不提供应急预案，仅提供应急预案备

案登记表

11. 应急演练实施基本流程包括计划、准备、实施、（　　）和持续改进。

　　A. 考核　　　B. 备案　　　C. 培训　　　D. 评估总结

12. 下列关于应急预案编制的表述，正确的是（　　）。

　　A. 生产经营单位应当根据存在重大危险源的情况，制定综合应急预案

　　B. 生产经营单位应当针对危险性较大的岗位，制定专项应急预案

　　C. 生产经营单位应当针对某一种类风险，制定现场处置方案

　　D. 事故风险单一、危险性小的生产经营单位，可只编制现场处置方案

13. 生产安全事故发生后，减少事故损失的安全技术措施遵循一定的优先原则，下列安全技术措施中，符合优先原则排序的是（　　）。

　　A. 个体防护、隔离、避难与救援、设置薄弱环节

　　B. 设置薄弱环节、个体防护、隔离、避难与救援

　　C. 隔离、设置薄弱环节、个体防护、避难与救援

　　D. 个体防护、设置薄弱环节、避难与救援、隔离

## 二、多项选择题

1. 应急演练的目的包括（　　）。

　　A. 检验预案　　B. 完善准备　　C. 磨合机制　　D. 宣传教育

　　E. 锻炼队伍

2. 生产经营单位应急预案编制程序包括成立应急预案编制工作组、（　　）、桌面推演、应急预案评审和批准实施。

　　A. 资料收集　　　　　　　B. 风险评估

　　C. 应急资源调查　　　　　D. 应急预案编制

3. 根据《生产安全事故应急预案管理办法》，下列关于应急预案编制的表述，正确的是（　　）。

　　A. 应急预案的管理实行属地为主、分级负责、分类指导、综合协调、动态管理的原则

　　B. 对于危险性较大的场所、装置或者设施，生产经营单位应当编制现场

处置方案

  C. 编制应急预案应当成立编制工作小组，由本单位有关负责人任组长

  D. 生产经营单位风险种类多、可能发生多种类型事故的，应当组织编制专项应急预案

4. 根据《生产安全事故应急条例》的规定，有下列（　　）情形之一的，生产安全事故应急救援预案制定单位应当及时修订相关预案。

  A. 制定预案所依据的法律、法规、规章、标准发生重大变化

  B. 应急指挥机构及其职责发生调整

  C. 安全生产面临的风险发生重大变化

  D. 重要应急资源发生重大变化

  E. 在预案演练或者应急救援中发现需要修订预案的重大问题

5. 企业应当在编制应急预案的基础上，针对工作场所、岗位的特点，编制简明、实用、有效的应急处置卡。应急处置卡（　　），便于从业人员携带。

  A. 应当具备规范性、统一性、普遍适用性

  B. 应当规定重点岗位、人员的应急处置程序和措施

  C. 应当规定相关联络人员和联系方式

  D. 是岗位日常操作的基本安全操作规范

6. 应急演练应遵循的原则有（　　）。

  A. 按照国家相关法律法规标准及有关规定组织开展演练

  B. 结合生产面临的风险及事故特点，依据应急预案组织开展演练

  C. 突出以提高指挥协调能力、应急处置能力和应急准备能力组织开展演练

  D. 在保证参演人员、设备设施及演练场所安全的条件下组织开展演练

7. 应急演练的工作保障内容包括（　　）、安全保障、通信保障和其他保障。

  A. 人员保障      B. 经费保障

  C. 物资和器材保障    D. 场地保障

8. 应急演练工作总结报告主要内容包括（　　）。

A. 演练基本概要　　　　　B. 演练发现的问题
C. 取得的经验和教训　　　D. 应急管理工作建议

9. 依据《危险化学品重大危险源监督管理暂行规定》，危险化学品单位有（　　）情形的，由县级以上人民政府应急管理部门给予警告，可以并处 5 000 元以上 3 万元以下的罚款。

A. 未开展重大危险源事故应急预案演练的

B. 未制定重大危险源事故应急预案的

C. 未对重大危险源进行登记建档的

D. 未建立应急救援组织或者配备应急救援人员，以及配备必要的防护装备及器材、设备、物资，并保障其完好的

## 三、判断题

1. 现场处置方案是指生产经营单位根据不同生产安全事故类型，针对具体场所、装置或者设施所制定的应急处置措施。（　　）

2. 综合应急预案是指生产经营单位为应对各种生产安全事故而制定的综合性工作方案，是本单位应对生产安全事故的总体工作程序、措施和应急预案体系的总纲。（　　）

3. 应急演练人员保障是指按照演练方案和有关要求确定演练总指挥、策划导调、宣传、保障评估、参演人员参加演练活动，必要时设置替补人员。（　　）

4. 应急演练安全保障是指采取必要安全防护措施，确保参演、观摩人员以及生产运行系统安全。（　　）

5. 重大危险源专项应急预案，每两年至少进行一次演练。（　　）

6. 当化工企业面临的事故风险发生重大变化的，应急预案应当及时修订并归档。（　　）

7. 根据《化工和危险化学品生产经营单位重大生产安全事故隐患判定标准（试行）》，"重大危险源事故应急预案未定期进行演练"属于重大生产安全事故隐患。（　　）

8. 承包商要确保其指派的作业人员接受了相关的安全培训，掌握与作业相关的所有危害信息和应急预案。（    ）

9. 化工企业制定的应急预案无须与其周边社区、周边企业和地方政府预案相互衔接。（    ）

# 参考答案及解析

## 一、单项选择题

1. A

【解析】根据《生产安全事故应急预案管理办法》第十条的规定，编制应急预案前，编制单位应当进行事故风险辨识、评估和应急资源调查。

2. B

【解析】根据《生产安全事故应急预案管理办法》第十四条的规定，专项应急预案应当规定应急指挥机构与职责、处置程序和措施等内容。

3. B

【解析】根据《生产安全事故应急演练基本规范》（AQ/T 9007—2019）第4.2条的规定，应急演练按照演练内容分为综合演练和单项演练，按照演练形式分为实战演练和桌面演练，按目的与作用分为检验性演练、示范性演练和研究性演练，不同类型的演练可相互组合。

4. A

【解析】根据《生产安全事故应急预案管理办法》第十三条的规定，综合应急预案应当规定应急组织机构及其职责、应急预案体系、事故风险描述、预警及信息报告、应急响应、保障措施、应急预案管理等内容。

5. B

【解析】根据《生产安全事故应急条例》第五条的规定，生产经营单位应当针对本单位可能发生的生产安全事故的特点和危害，进行风险辨识和评估，制定相应的生产安全事故应急救援预案，并向本单位从业人员公布。

6. C

【解析】根据《生产安全事故应急预案管理办法》第十四条的规定，对于某一种或者多种类型的事故风险，生产经营单位可以编制相应的专项应急预案，或将专项应急预案并入综合应急预案。

7. C

【解析】根据《中华人民共和国安全生产法》第四十条的规定，生产经营单位应当按照国家有关规定将本单位重大危险源及有关安全措施、应急措施报有关地方人民政府应急管理部门和有关部门备案。

8. B

【解析】根据《生产安全事故应急预案管理办法》第十五条的规定，对于危险性较大的场所、装置或者设施，生产经营单位应当编制现场处置方案。现场处置方案应当规定应急工作职责、应急处置措施和注意事项等内容。

9. A

【解析】根据《生产安全事故应急演练评估规范》（AQ/T 9009—2015）第A.2条的规定，实战演练实施情况评估的内容，包括预警与信息报告、紧急动员、事故监测与研判、指挥和协调、事故处置、应急资源管理、应急通信、信息公开、人员保护、警戒与管制、医疗救护、现场控制及恢复和其他13个方面。

10. D

【解析】根据《生产安全事故应急预案管理办法》第二十八条的规定，对于实行安全生产许可的生产经营单位，已经进行应急预案备案的，在申请安全生产许可证时，可以不提供相应的应急预案，仅提供应急预案备案登记表。

11. D

【解析】根据《生产安全事故应急演练基本规范》（AQ/T 9007—2019）第4.4条的规定，应急演练实施基本流程包括计划、准备、实施、评估总结、持续改进5个阶段。

12. D

【解析】根据《生产经营单位生产安全事故应急预案编制导则》（GB/T 29639—2020）第5.4条的规定，事故风险单一、危险性小的生产经营单位，可只编制现场处置方案。

13. C

【解析】在生产安全事故发生后，应迅速控制局面，防止事故的扩大，避免引起二次事故的发生，减少事故造成的损失。采取安全技术措施的优先顺序是：隔离、设置薄弱环节、个体防护、避难与救援。

## 二、多项选择题

1. ABCDE

【解析】根据《生产安全事故应急演练基本规范》（AQ/T 9007—2019）第4.1条的规定，应急演练的目的包括：检验预案、完善准备、磨合机制、宣传教育、锻炼队伍。

2. ABCD

【解析】根据《生产经营单位生产安全事故应急预案编制导则》（GB/T 29639—2020）第4.1条的规定，生产经营单位应急预案编制程序包括成立应急预案编制工作组、资料收集、风险评估、应急资源调查、应急预案编制、桌面推演、应急预案评审和批准实施8个步骤。

3. ABC

【解析】选项D错误，根据《生产安全事故应急预案管理办法》第十三条的规定，生产经营单位风险种类多、可能发生多种类型事故的，应当组织编制综合应急预案。

4. ABCDE

【解析】根据《生产安全事故应急条例》第六条的规定，有下列情形之一的，生产安全事故应急救援预案制定单位应当及时修订相关预案：

（1）制定预案所依据的法律、法规、规章、标准发生重大变化。

（2）应急指挥机构及其职责发生调整。

（3）安全生产面临的风险发生重大变化。

（4）重要应急资源发生重大变化。

（5）在预案演练或者应急救援中发现需要修订预案的重大问题。

（6）其他应当修订的情形。

5. BC

**【解析】** 根据《生产安全事故应急预案管理办法》第十九条的规定，生产经营单位应当在编制应急预案的基础上，针对工作场所、岗位的特点，编制简明、实用、有效的应急处置卡。应急处置卡应当规定重点岗位、人员的应急处置程序和措施，以及相关联络人员和联系方式，便于从业人员携带。

6. ABCD

**【解析】** 根据《生产安全事故应急演练基本规范》（AQ/T 9007—2019）第4.3条的规定，应急演练应遵循以下原则：

（1）符合相关规定：按照国家相关法律法规标准及有关规定组织开展演练。

（2）依据预案演练：结合生产面临的风险及事故特点，依据应急预案组织开展演练。

（3）注重能力提高：突出以提高指挥协调能力、应急处置能力和应急准备能力组织开展演练。

（4）确保安全有序：在保证参演人员、设备设施及演练场所安全的条件下组织开展演练。

7. ABCD

**【解析】** 根据《生产安全事故应急演练基本规范》（AQ/T 9007—2019）第6.3条的规定，根据演练工作需要，做好演练的组织与实施需要相关保障条件。保障条件主要包括人员保障、经费保障、物资和器材保障、场地保障、安全保障、通信保障和其他保障。

8. ABCD

**【解析】** 根据《生产安全事故应急演练基本规范》（AQ/T 9007—2019）第8.2.1条的规定，演练总结报告的主要内容包括：演练基本概要；演练发现的问题，取得的经验和教训；应急管理工作建议。

9. AD

**【解析】** 根据《危险化学品重大危险源监督管理暂行规定》第三十四条的规定，危险化学品单位有下列情形之一的，由县级以上人民政府安全生产监督管理部门给予警告，可以并处 5 000 元以上 3 万元以下的罚款：

（1）未按照标准对重大危险源进行辨识的。

（2）未按照该规定明确重大危险源中关键装置、重点部位的责任人或者责任机构的。

（3）未按照该规定建立应急救援组织或者配备应急救援人员，以及配备必要的防护装备及器材、设备、物资，并保障其完好的。

（4）未按照该规定进行重大危险源备案或者核销的。

（5）未将重大危险源可能引发的事故后果、应急措施等信息告知可能受影响的单位、区域及人员的。

（6）未按照该规定要求开展重大危险源事故应急预案演练的。

### 三、判断题

1. 正确

【解析】根据《生产安全事故应急预案管理办法》第六条的规定，现场处置方案是指生产经营单位根据不同生产安全事故类型，针对具体场所、装置或者设施所制定的应急处置措施。

2. 正确

【解析】根据《生产经营单位生产安全事故应急预案编制导则》（GB/T 29639—2020）第 5.2 条的规定，综合应急预案是指生产经营单位为应对各种生产安全事故而制定的综合性工作方案，是本单位应对生产安全事故的总体工作程序、措施和应急预案体系的总纲。

3. 正确

【解析】根据《生产安全事故应急演练基本规范》（AQ/T 9007—2019）第 6.3 条的规定，根据演练工作需要，做好演练的组织与实施需要相关保障条件。其中，人员保障是指按照演练方案和有关要求确定演练总指挥、策划导调、宣传、保障评估、参演人员参加演练活动，必要时设置替补人员。

4. 正确

【解析】根据《生产安全事故应急演练基本规范》（AQ/T 9007—2019）第

6.3 条的规定，根据演练工作需要，做好演练的组织与实施需要相关保障条件。其中，安全保障是指采取必要安全防护措施，确保参演、观摩人员以及生产运行系统安全。

5. 错误

【解析】根据《危险化学品重大危险源监督管理暂行规定》第二十一条的规定，重大危险源专项应急预案，每年至少进行一次演练。

6. 正确

【解析】根据《安全生产事故应急预案管理办法》第三十六条的规定，面临的事故风险发生重大变化的应急预案应当及时修订并归档。

7. 错误

【解析】《化工和危险化学品生产经营单位重大生产安全事故隐患判定标准（试行）》中包括 20 项重大事故隐患，"重大危险源事故应急预案未定期进行演练"未被列入重大生产安全事故隐患。

8. 正确

【解析】根据《关于加强化工过程安全管理的指导意见》（安监总管三〔2013〕88 号）第（二十一）条的规定，承包商要确保作业人员接受了相关的安全培训，掌握与作业相关的所有危害信息和应急预案。

9. 错误

【解析】根据《关于加强化工过程安全管理的指导意见》（安监总管三〔2013〕88 号）第（二十五）条的规定，化工企业制定的应急预案要与周边社区、周边企业和地方政府的预案相互衔接，并按规定报当地政府备案。

## 第二节　事故应急处置

## 习　题

### 一、单项选择题

1. 下列关于危险化学品应急处置措施的表述，错误的是（　　）。

   A. 不能用水扑灭三氯化磷火灾

   B. 化工装置泄漏物的成分不同，回收处理方式不同

   C. 若浓硫酸溅到皮肤上，应立即用大量清水冲洗，接着用2%的苏打溶液冲洗

   D. 某化工企业发生一起电气火灾事故，员工使用泡沫灭火器灭火

2. 火场中防止烟气危害最简单的方法是（　　）。

   A. 跳楼逃生

   B. 大声呼叫

   C. 弄湿毛巾或衣服捂住口鼻，低姿势沿疏散通道逃生

   D. 原地等待救援

3. 二硫化碳起火时不可用（　　）扑救。

   A. 水　　　　　　　　　　B. 泡沫灭火器

   C. 二氧化碳灭火器　　　　D. 四氯化碳灭火器

4. 事故应急响应程序一般包括信息报告、预警、响应启动、（　　）、应急支援和响应终止。

   A. 报警　　B. 联动　　C. 信息公开　　D. 应急处置

5. 遇比水轻又不溶于水的液体（如汽油、苯等）火灾，不能用（　　）扑救。

   A. 普通蛋白泡沫　　　　　B. 抗溶性泡沫

C. 直流水 　　　　　　　 D. 氟蛋白泡沫

6. 根据《正压式消防空气呼吸器》（XF 124—2013），呼吸器在气密性能试验后，其压力表的压力指示值在 1 min 内的下降不应大于（　　）。

A. 2 MPa 　　 B. 3 MPa 　　 C. 4 MPa 　　 D. 5 MPa

7. 在氧含量高于（　　）（体积分数）、毒气浓度低于 1%（体积分数）的环境方可使用过滤式防毒面具。

A. 18% 　　 B. 20% 　　 C. 22% 　　 D. 24%

8. 根据工作需要，当不采用强制送风措施时，自吸式长管防毒面具导气管使用长度不应超过（　　）。

A. 10 m 　　 B. 15 m 　　 C. 20 m 　　 D. 25 m

9. 根据《石油化工企业设计防火标准（2018 年版）》（GB 50160—2008），可燃液体地上立式储罐应设固定或移动式消防冷却水系统，其供水控制阀应设在防火堤外，并距被保护罐壁不宜小于（　　）。

A. 8 m 　　 B. 10 m 　　 C. 15 m 　　 D. 20 m

10. 根据《石油化工企业设计防火标准（2018 年版）》（GB 50160—2008），液化烃的储罐应设液位计、温度计、压力表、安全阀，以及高液位报警和高高液位（　　）措施。对于全冷冻式液化烃储罐还应设真空泄放设施和高、低温度检测，并应与自动控制系统相连。

A. 自动联锁切断进出口进出料

B. 自动联锁切断进料

C. 自动联锁打开泄放

D. 安全仪表系统控制

11. 根据《石油化工企业设计防火标准（2018 年版）》（GB 50160—2008），液化烃罐区应设置消防冷却水系统，并应配置（　　）等灭火设施。

A. 卤代烷 　　 B. 消防泡沫 　　 C. 二氧化碳 　　 D. 移动式干粉

12. 空气泡沫发生器平时与储罐通过（　　）隔开，一旦储罐发生火灾，经管线导入的泡沫液流经发生器时将空气吸入，并与泡沫混合形成空气泡沫，冲破（　　），流入罐内。

A. 密封玻璃，密封玻璃　　　B. 爆破片，密封玻璃

C. 安全阀，爆破片　　　　　D. 隔膜，爆破片

13. 化工企业对空分车间生产过程进行了危险、有害因素识别，并按照《企业职工伤亡事故分类》（GB 6441—86），对可能发生的事故类别进行分类。下列分类中，正确的是（　　）。

A. 压缩机大修过程吊装零件，可能发生钢丝绳断裂伤人，属于机械伤害事故

B. 未定期监控液氮储罐中的石油烃含量，可能发生爆炸伤人，属于容器爆炸事故

C. 车间动火作业，可能发生易燃物着火伤人，属于灼烫事故

D. 氮气管路爆裂，氮气泄漏伤人，属于中毒和窒息事故

## 二、多项选择题

1. 根据《社会单位灭火和应急疏散预案编制及实施导则》，灭火和应急疏散预案应明确通信联络组承担任务人员向总指挥、副总指挥、消防部门、区域联防单位等报告火情的基本规范，保证准确传递下列火灾情况信息。（　　）

A. 起火单位、详细地址

B. 起火建筑结构，起火物，有无存储易燃易爆危险品

C. 起火部位或楼层

D. 人员受困情况

E. 火情大小、火势蔓延情况、水源情况等其他信息

2. 危险化学品单位的应急救援物资应根据本单位危险化学品的（　　）进行配置。

A. 种类　　　　　　　　　　B. 数量

C. 发生事故的特点　　　　　D. 事故后果

3. 危险化学品单位应急救援物资管理的主要内容有（　　）。

A. 建立应急救援物资的有关制度和记录

B. 应急救援物资应专人管理

C. 应急救援物资应全部存放在指定仓库内

D. 应急救援物资应保持完好，随时处于备战状态

4. 正压式空气呼吸器日常维护检查内容包括（　　）、全面罩检查、工作压力检查和呼吸性能检查等。

  A. 气瓶压力检查      B. 系统泄漏检查

  C. 报警器报警压力检查    D. 面罩气密性能检查

5. 当使用正压式空气呼吸器出现下列（　　）情况时，应立即撤离作业现场。

  A. 压力降至 5 MPa      B. 听到报警声

  C. 面罩内形成水滴      D. 面罩破裂

## 三、判断题

1. 遇爆炸物品火灾时，切忌用沙土盖压。（　　）

2. 遇爆炸物品火灾时，消防车辆要停靠在离爆炸物品较近的水源，以就近取水和灭火。（　　）

3. 事故应急终止后，由环境监测组对事故现场及周边可能存在的污物介质指定专人全面检查，清理后收集并送至有资质的单位进行处置。（　　）

4. 未使用过的滤毒罐，超过使用期限后仍可使用。（　　）

5. 应急救援物资应符合实用性、功能性、安全性、耐用性以及单位实际需要的原则，应满足单位员工现场应急处置和企业应急救援队伍所承担救援任务的需要。（　　）

6. 非事故情况下岗位员工不得动用应急器材，但可以把日常工器具放置于应急救援器材柜。（　　）

7. 氨泄漏后可用醋酸或其他稀酸中和，也可以喷雾状水稀释、溶解，同时构筑围堤或挖坑收容产生的大量废水。（　　）

8. 吸入液化石油气后应迅速脱离现场至空气新鲜处。保持呼吸道通畅。如呼吸困难，立即输氧。如呼吸停止，立即进行人工呼吸并就医。（　　）

9. 灭火器箱不应被遮挡，但为防止灭火器丢失应上锁或拴系。（　　）

10. 化学品安全技术说明书中应包括化学品急救措施的内容。（　　）

# 参考答案及解析

## 一、单项选择题

1. D

【解析】由于泡沫灭火器含水,不能用于扑灭电气火灾。

2. C

【解析】烟气中主要有害成分为一氧化碳,比空气轻。弄湿毛巾或衣服捂住口鼻,低姿势沿疏散通道逃生,可减少一氧化碳的吸入。

3. D

【解析】二硫化碳比水重且不溶于水,起火时可用水、泡沫、二氧化碳灭火器扑救。

4. D

【解析】事故应急响应程序一般包括以下内容:信息报告、预警、响应启动、应急处置、应急支援、响应终止。

5. C

【解析】遇比水轻又不溶于水的液体(如汽油、苯等)火灾,用直流水灭火往往无效,可用普通蛋白泡沫、氟蛋白泡沫或抗溶性泡沫。

6. A

【解析】根据《正压式消防空气呼吸器》(XF 124—2013)第 5.5 条的规定,呼吸器在气密性能试验后,其压力表的压力指示值在 1 min 内的下降不应大于 2 MPa。

7. B

【解析】在氧含量高于 20%(体积分数)、毒气浓度低于 1%(体积分数)的环境方可使用过滤式防毒面具。禁止在容器内使用过滤式防毒面具类防护器材。

8. C

【解析】根据工作需要，当不采用强制送风措施时，自吸式长管防毒面具导气管使用长度不应超过 20 m，管内阻力一般不超过 196 Pa。

9. C

【解析】根据《石油化工企业设计防火标准（2018 年版）》（GB 50160—2008）第 8.4.5 条的规定，可燃液体地上立式储罐应设固定或移动式消防冷却水系统，其供水控制阀应设在防火堤外，并距被保护罐壁不宜小于 15 m。

10. B

【解析】根据《石油化工企业设计防火标准（2018 年版）》（GB 50160—2008）第 6.3.11 条的规定，液化烃的储罐应设液位计、温度计、压力表、安全阀，以及高液位报警和高高液位自动联锁切断进料措施。对于全冷冻式液化烃储罐还应设真空泄放设施和高、低温度检测，并应与自动控制系统相连。

11. D

【解析】根据《石油化工企业设计防火标准（2018 年版）》（GB 50160—2008）第 8.10.1 条的规定，液化烃罐区应设置消防冷却水系统，并应配置移动式干粉等灭火设施。

12. A

【解析】空气泡沫发生器是安装于储罐顶层圈板上用来产生空气泡沫的装置，每个储罐设置不少于 2 个，平时它与储罐通过密封玻璃隔开。一旦储罐发生火灾，经管线导入的泡沫液流经发生器时将空气吸入，并与泡沫混合形成空气泡沫，冲破密封玻璃，流入罐内，覆盖在物料液面上，通过冷却和窒息进行灭火。

13. D

【解析】空分就是利用机械设备把空气中的各组分气体分离，生产氧气、氮气和氩气的一套工业设备。A 选项错误，应属于起重伤害事故；B 选项错误，应属于其他爆炸事故；C 选项错误，应属于火灾事故。

## 二、多项选择题

1. ABCDE

【解析】根据《社会单位灭火和应急疏散预案编制及实施导则》（GB/T 38315—

2019）第 6.8.3.4 条的规定，灭火和应急疏散预案应明确通信联络组承担任务人员向总指挥、副总指挥、消防部门、区域联防单位等报告火情的基本规范，保证准确传递下列火灾情况信息：

（1）起火单位、详细地址。

（2）起火建筑结构，起火物，有无存储易燃易爆危险品。

（3）起火部位或楼层。

（4）人员受困情况。

（5）火情大小、火势蔓延情况、水源情况等其他信息。

2. ABC

【解析】根据《危险化学品单位应急救援物资配备要求》（GB 30077—2013）第 4.1 条的规定，危险化学品单位应急救援物资应根据本单位危险化学品的种类、数量和危险化学品发生事故的特点进行配置。

3. ABD

【解析】危险化学品单位应急救援物资管理的主要内容有：

（1）应建立应急救援物资的有关制度和记录。

（2）应急救援物资应明确专人管理。

（3）应急救援物资应存放在便于取用的固定场所。

（4）应急救援物资应保持完好，随时处于备战状态。

（5）应急救援物资的使用人员应接受相应的培训。

4. ABCD

【解析】正压式空气呼吸器日常维护检查内容包括全面罩检查、气瓶压力检查、工作压力检查、系统泄漏检查、报警器报警压力检查、面罩气密性能检查、呼吸性能检查等。

5. ABD

【解析】正压式空气呼吸器当压力降至 5 MPa、听到报警声或面罩破裂时，应立即撤离作业现场。

## 三、判断题

1. 正确

【解析】遇爆炸物品火灾时，切忌用沙土盖压，以免增强爆炸物品爆炸时的威力。

2. 错误

【解析】遇爆炸物品火灾时，消防车辆不要停靠在离爆炸物品太近的水源。

3. 正确

【解析】事故应急终止后，后期处置包括污染物的处置。由环境监测组对事故现场及周边可能存在的污物介质指定专人全面检查并彻底清理，清理后收集并送至有资质的单位进行处置，防止发生环境污染及其他次生灾害。

4. 错误

【解析】滤毒罐若超过使用期限，不管是否使用过都必须报废。

5. 正确

【解析】根据《危险化学品单位应急救援物资配备要求》（GB 30077—2013）第4.2条的规定，应急救援物资应符合实用性、功能性、安全性、耐用性以及单位实际需要的原则，应满足单位员工现场应急处置和企业应急救援队伍所承担救援任务的需要。

6. 错误

【解析】应急救援器材柜只能存放应急救援器材，不得存放其他物品；严禁在应急救援器材柜放置各种杂品，应保持应急救援器材柜的整洁卫生。

7. 正确

【解析】根据《首批重点监管的危险化学品安全措施和应急处置原则》的规定，氨泄漏后可用醋酸或其他稀酸中和，也可以喷雾状水稀释、溶解，同时构筑围堤或挖坑收容产生的大量废水。

8. 正确

【解析】根据《首批重点监管的危险化学品安全措施和应急处置原则》的规定，吸入液化石油气后，应迅速脱离现场至空气新鲜处。保持呼吸道通畅。如呼吸困难，立即输氧。如呼吸停止，立即进行人工呼吸并就医。

9. 错误

【解析】根据《建筑灭火器配置验收及检查规范》（GB 50444—2008）第3.2.2条的规定，灭火器箱不应被遮挡、上锁或拴系。

10. 正确

【解析】根据《化学品安全技术说明书内容和项目顺序》（GB/T 16483—2008）第4.1条的规定，化学品安全技术说明书主要包括化学品及企业标识、危险性概述、成分/组成信息、急救措施、消防措施、泄漏应急处理、操作处置与储存、接触控制和个体防护、理化特性、稳定性和反应性、毒理学信息、生态学信息、废弃处置、运输信息、法规信息和其他信息等内容。

## 第三节　事故事件管理

### 习　题

**一、单项选择题**

1. 某企业发生生产安全事故，造成3人死亡、50人受伤、1.2亿元的直接经济损失，该起事故属于（　　）。

　　A. 特别重大事故　　　　B. 重大事故

　　C. 较大事故　　　　　　D. 一般事故

2. 某公司是以重油为原料生产合成氨、硝酸的中型化肥厂，某日发生硝酸铵爆炸事故，事故造成11人死亡、16人重伤、52人轻伤，损失工作日总数168 000个，直接经济损失约4 000万元。该起事故属于（　　）。

　　A. 特别重大事故　　　　B. 重大事故

　　C. 较大事故　　　　　　D. 一般事故

3. 《企业职工伤亡事故分类》（GB 6441—86）将事故分为（　　）类。

A. 8　　　　　B. 10　　　　　C. 15　　　　　D. 20

4. 《生产过程危险和有害因素分类与代码》（GB/T 13861—2022）将生产过程中人、物、环境、管理的各种主要危险和有害因素进行了分类。根据该标准，下列危险有害因素中，属于物的因素是（　　）。

　　A. 防护装置、设施缺陷　　　　B. 作业场所狭小

　　C. 采光照明不良　　　　　　　D. 高处坠落

5. 企业职工伤亡事故按伤害程度分类，损失 1 个工作日至 105 个工作日以下的失能伤害，属于（　　）。

　　A. 轻伤事故　　B. 重伤事故　　C. 较重伤事故　　D. 死亡事故

6. 单位负责人接到生产安全事故报告后，应当于（　　）内向事故发生地县级以上人民政府应急管理部门和负有安全生产监督管理职责的有关部门报告。

　　A. 0.5 h　　　　B. 1 h　　　　C. 2 h　　　　D. 3 h

7. 生产安全事故发生单位及其有关人员有谎报或者瞒报事故的行为，对事故发生单位处（　　）的罚款。

　　A. 100 万元以上 200 万元以下　　B. 100 万元以上 300 万元以下

　　C. 100 万元以上 500 万元以下　　D. 50 万元以上 500 万元以下

8. 发生生产安全事故后，事故发生单位向事故发生地（　　）以上人民政府应急管理部门和负有安全生产监督管理职责的有关部门报告事故。

　　A. 县级　　　　B. 市级　　　　C. 地级　　　　D. 省级

9. 下列事故分级属于《生产安全事故报告和调查处理条例》规定的较大事故的是（　　）。

　　A. 造成 3 人以下死亡，或者 10 人以下重伤，或者 1 000 万元以下直接经济损失的事故

　　B. 造成 3 人以上 10 人以下死亡，或者 10 人以上 50 人以下重伤，或者 1 000 万元以上 5 000 万元以下直接经济损失的事故

　　C. 造成 10 人以上 30 人以下死亡，或者 50 人以上 100 人以下重伤，或者 5 000 万元以上 1 亿元以下直接经济损失的事故

　　D. 造成 30 人以上死亡，或者 100 人以上重伤，或者 1 亿元以上直接经济

损失的事故

10. 事故是人（个人或集体）在实现某种意图而进行的活动过程中，突然发生的、违反人的意志的、迫使活动（　　）的事件。

  A. 暂时或永久停止　　　　B. 暂时停止

  C. 永久停止　　　　　　　D. 阶段性停止

11. 根据《中华人民共和国安全生产法》，生产经营单位发生生产安全事故后，事故现场有关人员应当立即报告（　　）。

  A. 带班班长　　　　　　　B. 车间主任

  C. 本单位负责人　　　　　D. 应急管理局

12. 根据企业事故事件分级管理原则，重大事件发生后，企业应组织成立事件调查组，由（　　）担任组长。

  A. 安全部门领导　　　　　B. 企业主要负责人

  C. 生产部门领导　　　　　D. 集团公司领导

13. 危险化学品生产经营单位发生生产安全事故后，应当立即启动（　　），采取应急救援措施。

  A. 工作计划　　　　　　　B. 控制措施

  C. 应急救援预案　　　　　D. 操作方案

14. 事故发生后，首先要（　　），在医护人员到达时，要听从医护人员的指挥，采取切实有效的救援方法，以达到减少人员伤亡的目的。

  A. 止损　　B. 抢救　　C. 自救互救　　D. 逃离

15. 导致事故发生的原因有多种类型，事故的直接原因主要是由物的不安全状态和（　　）导致。

  A. 无操作规程　　　　　　B. 劳动组织不合理

  C. 对工人培训不到位　　　D. 人的不安全行为

16. 根据《企业职工伤亡事故经济损失统计标准》（GB 6721—86），伤亡事故经济损失是指企业职工在劳动生产过程中发生伤亡事故所引起的经济损失，包括直接经济损失和间接经济损失。直接经济损失中善后处理费用包括（　　）。

  A. 现场抢救费用、清理现场费用、事故罚款和赔偿费用、补助及救济

费用

B. 处理事故的事务性费用、现场抢救费用、清理现场费用、丧葬及抚恤费用

C. 处理事故的事务性费用、现场抢救费用、事故罚款和赔偿费用、补助及救济费用

D. 处理事故的事务性费用、现场抢救费用、清理现场费用、事故罚款和赔偿费用

17. 某乙烯化工有限公司原料库发生火灾事故,无人员伤亡,但造成 6 300 万元的直接经济损失,该事故调查报告应由(    )批复。

  A. 省级人民政府      B. 设区的市级人民政府

  C. 县级人民政府      D. 国务院

18. 某危险化学品企业发生火灾事故,无人员伤亡,过火面积超过 500 m²,直接经济损失为 250 万元。该起事故为(    )事故。

  A. 特大    B. 重大    C. 较大    D. 一般

19. 某省一危险化学品生产企业发生一起火灾爆炸事故,当场造成 7 人死亡、5 人重伤、1 人轻伤。事故发生 20 天后,重伤人员中有 2 人死亡,36 天后又有 1 人死亡,40 天后又有 1 人死亡。根据《生产安全事故报告和调查处理条例》,该起事故死亡人数是(    )人。

  A. 7    B. 9    C. 10    D. 11

20. 通过事故调查分析,对事故的性质和责任要有明确结论。其中,对认定为责任事故的,要按照责任大小和承担责任的不同分别认定主要责任者、直接责任者和(    )。

  A. 间接责任者      B. 技术责任者

  C. 领导责任者      D. 监督责任者

21. 事故调查组应当自事故发生之日起 60 日内提交事故调查报告;特殊情况下,经负责事故调查的人民政府批准,提交事故调查报告的期限可以适当延长,但延长的期限最长不超过 60 日。事故调查期限不包括(    )。

  A. 技术鉴定所需时间      B. 调查取证所需时间

C. 事故分析所需时间　　　　D. 撰写调查报告所需时间

22. 某石油化工企业在 A 省 B 市 C 县的一天然气生产矿井发生井喷，井喷后作业人员采取应急措施不当，造成周围群众 13 人死亡，103 人急性中毒。根据《生产安全事故报告和调查处理条例》，负责组织此次事故调查的是（　　）。

　　A. 国务院　　　　　　　　B. A 省人民政府
　　C. B 市人民政府　　　　　D. C 县人民政府

23. 某危险化学品仓储公司仓库保管员张某家中有事，私下委托同事叶某临时代为保管仓库钥匙。其间，叶某进入危险化学品仓库，擅自将易燃化学品异丙醇和强氧化剂双氧水混放，引发火灾事故，造成直接经济损失 100 万元。下列关于此事故责任认定的表述，正确的是（　　）。

　　A. 张某擅自委托叶某代为保管危险化学品仓库钥匙，是事故直接责任者
　　B. 叶某进入危险化学品仓库将危险化学品混放，是事故直接责任者
　　C. 危险化学品仓储公司主要负责人管理不到位，是事故直接责任者
　　D. 危险化学品仓储公司安全管理部门负责人存在管理失职，是事故直接责任者

24. 某市甲化工厂新建一套醋酸装置，由乙公司以总承包方式负责建设。现场工程监理由丙公司承担。某日，乙公司工人孔某在脚手架上行走时坠落，经抢救无效死亡。该市应急管理部门组织事故调查后，提出整改措施。落实整改措施的责任单位是（　　）。

　　A. 甲化工厂　　　　　　　B. 乙公司
　　C. 丙公司　　　　　　　　D. 市应急管理局

## 二、多项选择题

1. 引发事故的基本要素是（　　）。

　　A. 人的不安全行为　　　　B. 物的不安全状态
　　C. 环境的不安全条件　　　D. 管理的缺陷

2. 在生产安全事故发生后，负有报告职责的人员不报或者谎报事故情况，贻误事故抢救，情节严重的，处（　　）有期徒刑或者拘役；情节特别严重的，

处（　　）有期徒刑。

　　A. 1年以下　　　　　　　　B. 3年以下

　　C. 3年以上7年以下　　　　　D. 1年以上5年以下

　3. 事故调查处理应当按照（　　）的原则，及时、准确地查清事故原因，查明事故性质和责任，评估应急处置工作，总结事故教训，提出整改措施，并对事故责任单位和人员提出处理建议。

　　A. 科学严谨　　B. 依法依规　　C. 实事求是　　D. 注重实效

　　E. 公平公正

　4. 生产安全事故处理必须坚持"四不放过"原则。下列关于事故处理的表述，属于"四不放过"原则要求的是（　　）。

　　A. 事故原因未查清不放过

　　B. 事故责任人未受到处理不放过

　　C. 事故责任人和广大群众没有受到教育不放过

　　D. 防范措施不落实不放过

　　E. 事故责任者未受到刑事处罚不放过

　5. 根据《企业职工伤亡事故分类》（GB 6441—86），下列危险、有害因素中，属于不安全行为的有（　　）。

　　A. 未锁紧开关　　　　　　　B. 工具不防爆

　　C. 机器运转时修理　　　　　D. 防护装置缺乏

　　E. 拆除安全装置

　6. 生产经营单位发生生产安全事故后，单位和有关部门向上级报告事故情况时，除上报已经造成或者可能造成的人员伤亡人数，以及初步估计的直接经济损失等内容外，还应包括（　　）。

　　A. 事故发生单位概况

　　B. 事故的简要经过

　　C. 事故发生的时间、地点以及事故现场情况

　　D. 事故责任和性质

　　E. 已采取的应急措施

7. 下列（    ）情形属事故发生的间接原因。

　　A. 教育培训不够、未经培训、缺乏或不懂安全操作技术知识

　　B. 劳动组织不合理

　　C. 对现场工作缺乏检查或指导错误

　　D. 没有安全操作规程或不健全

8. 根据《企业职工伤亡事故分类》（GB 6441—86），企业职工伤亡事故分为20个类别，其中包括（    ）等。

　　A. 透水　　　　B. 淹溺　　　　C. 放炮　　　　D. 交通伤害

　　E. 冒顶片帮

9. 根据《生产安全事故报告和调查处理条例》，事故调查组除要查明事故发生的经过、原因、人员伤亡情况及直接经济损失外，还应（    ）。

　　A. 认定事故的性质　　　　　　B. 提出对事故责任者的处理建议

　　C. 提交事故调查报告　　　　　D. 总结事故教训，提出整改措施

　　E. 执行事故责任追究

10. 某市化工企业聚丙烯车间因原料管道泄漏发生着火，引起燃爆事故。根据有关规定该市立即成立事故调查组，负责查明事故经过、事故原因和事故性质，总结事故教训和提出处理建议。下列关于该事故调查与分析的表述，正确的是（    ）。

　　A. 聚丙烯发生燃爆事故的直接原因是原料管道泄漏

　　B. 事故责任追究认定应明确造成泄漏的直接责任者和间接责任者

　　C. 事故性质应认定为责任事故

　　D. 聚丙烯燃爆事故直接经济损失应包括造成工厂周围环境污染而发生的治理费用

　　E. 事故调查组应对事故责任者提出行政处分等建议

## 三、判断题

1. 企业应当建立安全事件报告奖励制度，鼓励、发动员工发现和积极报告各类安全事件信息，对发现、报告各类安全事件信息的人员进行奖励。（    ）

2. 事故责任者按事故原因分析，分为主要责任者和次要责任者。（    ）

3. 因管理不善、纪律涣散、违章违纪严重发生重大事故，要追查主要领导者责任。（    ）

4. 发生生产安全事故后，事故发生单位在限定时限内不主动向法定部门如实报告，在被有关部门发现并开展调查时才不得已告知事故真相的，不属瞒报事故。（    ）

5. 生产安全事故发生单位及其有关人员有谎报或者瞒报事故的行为，对主要负责人、直接负责的主管人员和其他直接责任人员处上一年年收入百分之六十至百分之一百的罚款。（    ）

6. 事故分析应从间接原因入手，逐步深入到直接原因，最后是分析事故的根本原因，从而掌握事故的全部原因，必要时，还应考虑外部原因。（    ）

7. 任何单位和个人不得阻挠和干涉对生产安全事故的报告和依法调查处理。发生生产安全事故必须在规定时间内进行上报。（    ）

8. 生产安全事故发生后，有关单位和人员应当妥善保护事故现场以及相关证据，任何单位和个人不得破坏事故现场、毁灭相关证据。（    ）

9. 事故不属于事件的范畴。（    ）

# 参考答案及解析

## 一、单项选择题

1. A

【解析】根据《生产安全事故报告和调查处理条例》第三条的规定，特别重大事故是指造成30人以上死亡，或者100人以上重伤（包括急性工业中毒），或者1亿元以上直接经济损失的事故。该企业虽只有3人死亡，但造成1.2亿元直接经济损失，因此应属于特别重大事故。

2. B

【解析】根据《生产安全事故报告和调查处理条例》第三条的规定，重大事故是指造成 10 人以上 30 人以下死亡，或者 50 人以上 100 人以下重伤，或者 5 000 万元以上 1 亿元以下直接经济损失的事故。

3. D

【解析】根据《企业职工伤亡事故分类》（GB 6441—86）第 2 条的规定，企业职工伤亡事故分为 20 类。

4. A

【解析】根据《生产过程危险和有害因素分类与代码》（GB/T 13861—2022）第 5 条的规定，危险有害因素中物的因素包括物理性危险和有害因素、化学性危险和有害因素、生物性危险和有害因素。防护装置、设施缺陷属于物理性危险和有害因素。

5. A

【解析】根据《企业职工伤亡事故分类》（GB 6441—86）第 4 条的规定，企业职工伤亡事故按伤害程度分类，分为轻伤、重伤、死亡事故。损失 1 个工作日至 105 个工作日以下的失能伤害属于轻伤事故。

6. B

【解析】根据《生产安全事故报告和调查处理条例》第九条的规定，发生生产安全事故后，事故现场有关人员应当立即向本单位负责人报告；单位负责人接到报告后，应当于 1 h 内向事故发生地县级以上人民政府安全生产监督管理部门和负有安全生产监督管理职责的有关部门报告。

7. C

【解析】根据《生产安全事故报告和调查处理条例》第三十六条的规定，事故发生单位及其有关人员有谎报或者瞒报事故的行为，对事故发生单位处 100 万元以上 500 万元以下的罚款。

8. A

【解析】根据《生产安全事故报告和调查处理条例》第九条的规定，发生生产安全事故后，事故现场有关人员应当立即向本单位负责人报告；单位负责人接到报告后，应当于 1 h 内向事故发生地县级以上人民政府安全生产监督管理部门和负有安全生产监督管理职责的有关部门报告。

9. B

【解析】根据《生产安全事故报告和调查处理条例》第三条的规定，根据生产安全事故造成人员伤亡或者直接经济损失，事故一般分为以下等级：

（1）特别重大事故，是指造成 30 人以上死亡，或者 100 人以上重伤（包括急性工业中毒，下同），或者 1 亿元以上直接经济损失的事故。

（2）重大事故，是指造成 10 人以上 30 人以下死亡，或者 50 人以上 100 人以下重伤，或者 5 000 万元以上 1 亿元以下直接经济损失的事故。

（3）较大事故，是指造成 3 人以上 10 人以下死亡，或者 10 人以上 50 人以下重伤，或者 1 000 万元以上 5 000 万元以下直接经济损失的事故。

（4）一般事故，是指造成 3 人以下死亡，或者 10 人以下重伤，或者 1 000 万元以下直接经济损失的事故。

10. A

【解析】事故是人（个人或集体）在实现某种意图而进行的活动过程中，突然发生的、违反人的意志的、迫使活动暂时或永久停止的事件。事故是突然发生的、出乎人们意料的事件。事故的后果是违背人的意志的。

11. C

【解析】根据《中华人民共和国安全生产法》第八十三条的规定，生产经营单位发生生产安全事故后，事故现场有关人员应当立即报告本单位负责人。

12. B

【解析】一般来说，事件或涉险事故发生后，企业安全管理部门组织成立事件调查组，由安全部门领导担任组长。重大事件发生后，企业安委会组织成立事件调查组，由企业主要负责人担任组长。

13. C

【解析】根据《生产安全事故应急条例》第十七条的规定，发生生产安全事故后，生产经营单位应当立即启动生产安全事故应急救援预案，采取下列一项或者多项应急救援措施，并按照国家有关规定报告事故情况：

（1）迅速控制危险源，组织抢救遇险人员。

（2）根据事故危害程序，组织现场人员撤离或者采取可能的应急措施后撤离。

(3) 及时通知可能受到事故影响的单位和人员。

(4) 采取必要措施，防止事故危害扩大和次生、衍生灾害发生。

(5) 根据需要请求邻近的应急救援队伍参加救援，并向参加救援的应急救援队伍提供相关技术资料、信息和处置方法。

(6) 维护事故现场秩序，保护事故现场和相关证据。

(7) 法律、法规规定的其他应急救援措施。

14. C

【解析】事故发生后，首先要自救互救，在医护人员到达时，要听从医护人员的指挥，采取切实有效的救援方法，以达到减少人员伤亡的目的。

15. D

【解析】事故的直接原因主要包括物的不安全状态和人的不安全行为两个方面。

16. D

【解析】根据《企业职工伤亡事故经济损失统计标准》（GB 6721—86）第2条的规定，直接经济损失的统计范围包括人身伤亡后支出的费用、善后处理费用和财产损失价值。其中善后处理费用包括处理事故的事务性费用、现场抢救费用、清理现场费用、事故罚款和赔偿费用。

17. A

【解析】根据《生产安全事故报告和调查处理条例》第十九条的规定，特别重大事故由国务院或者国务院授权有关部门组织事故调查组进行调查。重大事故、较大事故、一般事故分别由事故发生地省级人民政府、设区的市级人民政府、县级人民政府负责调查。

造成6 300万元的直接经济损失的事故属于重大事故，负责事故调查的省级人民政府应当自收到事故调查报告之日起15日内做出批复。

18. D

【解析】根据《生产安全事故报告和调查处理条例》第三条的规定，一般事故是指造成3人以下死亡，或者10人以下重伤，或者1 000万元以下直接经济损失的事故。

19. B

【解析】该起事故为生产安全事故。根据《生产安全事故报告和调查处理条例》第十三条的规定，事故报告后出现新情况的，应当及时补报。自事故发生之日起30日内，事故造成的伤亡人数发生变化的，应当及时补报。本题20天后死亡的工人应列入事故死亡人数统计范围，36天后和40天后的死亡人员不再列入死亡人数统计范围。道路交通事故、火灾事故自发生之日起7日内，事故造成的伤亡人数发生变化的，应当及时补报。

20. C

【解析】对认定为责任事故的，要按照责任大小和承担责任的不同分别认定直接责任者、主要责任者、领导责任者。

21. A

【解析】根据《生产安全事故报告和调查处理条例》第二十七条的规定，事故调查中需要进行技术鉴定的，事故调查组应当委托具有国家规定资质的单位进行技术鉴定。必要时，事故调查组可以直接组织专家进行技术鉴定。技术鉴定所需时间不计入事故调查期限。

22. A

【解析】根据《生产安全事故报告和调查处理条例》第三条的规定，特别重大事故是指造成30人以上死亡，或者100人以上重伤（包括急性工业中毒），或者1亿元以上直接经济损失的事故。此次事故造成103人急性中毒，属于特别重大事故。特别重大事故由国务院或者国务院授权有关部门组织事故调查组进行调查。

23. B

【解析】叶某将易燃化学品混放是导致事故发生的直接原因，故叶某是直接责任者。

24. B

【解析】采用总承包方式承揽工程项目的，由总承包单位承担事故主体责任。事故发生单位应当认真吸取事故教训，落实防范和整改措施，防止事故再次发生。

## 二、多项选择题

1. ABCD

【解析】引发事故的 4 个基本要素是人的不安全行为、物的不安全状态、环境的不安全条件及管理的缺陷。

2. BC

【解析】根据《中华人民共和国刑法》第一百三十九条的规定，在生产安全事故发生后，负有报告职责的人员不报或者谎报事故情况，贻误事故抢救，情节严重的，处 3 年以下有期徒刑或者拘役；情节特别严重的，处 3 年以上 7 年以下有期徒刑。

3. ABCD

【解析】根据《中华人民共和国安全生产法》第八十六条的规定，事故调查处理应当按照科学严谨、依法依规、实事求是、注重实效的原则，及时、准确地查清事故原因，查明事故性质和责任，评估应急处置工作，总结事故教训，提出整改措施，并对事故责任单位和人员提出处理建议。

4. ABCD

【解析】生产安全事故处理的"四不放过"原则是指事故原因未查清不放过，事故责任人未受到处罚不放过，事故责任人和广大群众没有受到教育不放过，防范措施不落实不放过。

5. ACE

【解析】根据《企业职工伤亡事故分类》（GB 6441—86）附录 A.7 的规定，未锁紧开关、机器运转时修理、拆除安全装置属于不安全行为。

6. ABCE

【解析】根据《生产安全事故报告和调查处理条例》第十二条的规定，报告事故应当包括下列内容：

（1）事故发生单位概况。

（2）事故发生的时间、地点以及事故现场情况。

（3）事故的简要经过。

（4）事故已经造成或者可能造成的伤亡人数（包括下落不明的人数）和初步估计的直接经济损失。

（5）已经采取的措施。

（6）其他应当报告的情况。

7. ABCD

【解析】根据《企业职工伤亡事故调查分析规则》（GB 6442—86）第 3.2.2 条的规定，属下列情况者为间接原因：

（1）技术和设计上有缺陷——工业构件、建筑物、机械设备、仪器仪表、工艺过程、操作方法、维修检验等的设计、施工和材料使用存在问题。

（2）教育培训不够、未经培训、缺乏或不懂安全操作技术知识。

（3）劳动组织不合理。

（4）对现场工作缺乏检查或指导错误。

（5）没有安全操作规程或不健全。

（6）没有或不认真实施事故防范措施，对事故隐患整改不力。

（7）其他。

8. ABCE

【解析】根据《企业职工伤亡事故分类》（GB 6441—86）的规定，将企业职工伤亡事故分为20类，分别为物体打击、车辆伤害、机械伤害、起重伤害、触电、淹溺、灼烫、火灾、高处坠落、坍塌、冒顶片帮、漏水、放炮、瓦斯爆炸、火药爆炸、锅炉爆炸、容器爆炸、其他爆炸、中毒和窒息以及其他伤害等。

9. ABCD

【解析】根据《生产安全事故报告和调查处理条例》第二十五条的规定，事故调查组履行下列职责：

（1）查明事故发生的经过、原因、人员伤亡情况及直接经济损失。

（2）认定事故的性质和事故责任。

（3）提出对事故责任者的处理建议。

（4）总结事故教训，提出防范和整改措施。

(5) 提交事故调查报告。

10. ACE

【解析】选项 B 错误，事故责任追究认定应明确造成泄漏的直接责任者、主要责任者和领导责任者。选项 D 错误，因环境污染而发生的治理费用属间接经济损失。

### 三、判断题

1. 正确

【解析】企业要制定安全事件管理制度，对涉险事件、未遂事故等安全事件，按照重大、较大、一般等级别，进行分级管理，制定整改措施，防患于未然，建立安全事件报告奖励制度，鼓励员工和基层单位报告安全事件，使企业安全生产管理由单一事后处罚，转向事前奖励和事后处罚相结合。

2. 错误

【解析】事故责任分析的依据是：根据事故调查所确认的事实，通过对直接原因和间接原因的分析，确定事故中的直接责任者和领导责任者；在直接责任者和领导责任者中，根据其在事故发生过程中的作用，确定主要责任者。

3. 正确

【解析】根据《中华人民共和国安全生产法》第五条的规定，生产经营单位的主要负责人是本单位安全生产第一责任人，对本单位的安全生产工作全面负责。

4. 错误

【解析】发生生产安全事故后，事故发生单位在限定时限内不主动向法定部门如实报告，在被有关部门发现并开展调查时才不得已告知事故真相的，仍属瞒报事故。

5. 正确

【解析】根据《生产安全事故报告和调查处理条例》第三十六条的规定，事故发生单位及其有关人员有谎报或者瞒报事故的行为，对主要负责人、直接负责的主管人员和其他直接责任人员处上一年年收入百分之六十至百分之一百的罚款。

6. 错误

**【解析】** 分析事故时，应从直接原因入手，逐步深入到间接原因，最后是分析事故的根本原因，从而掌握事故的全部原因，必要时，还应考虑外部原因。

7. 正确

**【解析】** 根据《生产安全事故报告和调查处理条例》第七条和第九条的规定，任何单位和个人不得阻挠和干涉对生产安全事故的报告和依法调查处理。发生生产安全事故必须在规定时间内进行上报。

8. 正确

**【解析】** 根据《生产安全事故报告和调查处理条例》第十六条的规定，生产安全事故发生后，有关单位和人员应当妥善保护事故现场以及相关证据，任何单位和个人不得破坏事故现场、毁灭相关证据。

9. 错误

**【解析】** 事故是一类特殊的事件，所以事故属于事件的范畴。